新工科暨卓越工程师教育培养计划电子信息类专业系列教材

电工电子国家级实验教学示范中心（长江大学）系列教材

丛书顾问/郝　跃

DIANLU FENXI SHIYAN JIAOCHENG

电路分析实验教程

- 主　编/金　波　刘　焰
- 副主编/李克举　蔡昌新　余仕求

华中科技大学出版社
http://www.hustp.com
中国·武汉

内 容 简 介

本书按照教育部高等学校电子电气基础课程教学指导委员会制订的电路分析基础课程的基本要求,结合目前该课程实际教学情况而编写。

全书共4章和3个附录。第1章电路实验绪论,介绍了实验课的目的、基本要求、误差分析与实验数据处理;第2章实际操作实验,主要讲述了电路实际操作实验(共有17个实验);第3章EWB电路仿真软件快速入门,主要讲述了怎样操作EWB仿真软件;第4章EWB的仿真实验,在掌握仿真软件的基础上完成8个实验;附录A至附录C介绍了实验仪器TFG6920A函数/任意波形发生器的使用说明、TBS1102B-EDU数字存储示波器的使用说明、UTP8305Z电源的使用说明。

本书实验内容较多,可满足不同层次的教学要求,适用于本科电类专业实验教学,也可供本行业相关人员学习参考。

图书在版编目(CIP)数据

电路分析实验教程/金波,刘焰主编. —武汉:华中科技大学出版社,2019.8(2024.1重印)
新工科暨卓越工程师教育培养计划电子信息类专业系列教材
ISBN 978-7-5680-5635-9

Ⅰ.①电…　Ⅱ.①金…　②刘…　Ⅲ.①电路分析-实验-高等学校-教材　Ⅳ.①TM133-33

中国版本图书馆 CIP 数据核字(2019)第 177418 号

电路分析实验教程　　　　　　　　　　　　　　　　　　金　波　刘　焰　主编
Dianlu Fenxi Shiyan Jiaocheng

策划编辑：王红梅
责任编辑：王红梅
封面设计：秦　茹
责任校对：曾　婷
责任监印：徐　露
出版发行：华中科技大学出版社(中国·武汉)　　　电话：(027)81321913
　　　　　武汉市东湖新技术开发区华工科技园　　　邮编：430223
录　　排：武汉市洪山区佳年华文印部
印　　刷：武汉开心印刷有限公司
开　　本：787mm×1092mm　1/16
印　　张：10
字　　数：241 千字
版　　次：2024 年 1 月第 1 版第 2 次印刷
定　　价：29.80 元

前言

随着科学技术的不断发展,工业化生产不断呈现复杂性和多样性,新的产业也不断涌现,这使技术人才的需求越来越趋向专业化和个性化。这就给我国当前的高等教育提出了前所未有的挑战,培养学生实验能力与实际操作技能显得越来越重要。实验教学可帮助学生验证、消化和巩固基本理论,运用理论处理实际问题,获得实验技能和科学研究方法。为了达到对现代人才培养的基本要求,同时让学生适应最新的实验设备,结合我校具体情况和教育部有关文件精神,我们编写了《电路分析实验教程》。

全书共分为 4 章。第 1 章介绍了实验课的目的、基本要求、误差分析与实验数据处理。第 2 章为本书的核心,主要讲述了电路实际操作实验,共有 17 个实验。根据学生实验学时,可从中挑选一部分作为学生实际操作实验。为了使学生能更好地完成实验,在本书第 3 章比较完整地介绍了 EWB 电路仿真软件。通过学习,学生就能对第 4 章中与电路分析有关的实验进行仿真。在第 4 章中共有 8 个实验。当然,学生只要学会了 EWB 电路仿真软件,就能对与电路有关的内容进行仿真,并为学习其他仿真软件打好基础。附录 A 至附录 C 介绍了实验中常用的仪器。

本书具有以下特色。

(1)注重理论在实验中的指导作用,强调对实验结果能够做出理论分析和正确解释。除了对电路理论进行验证外,力争使实验内容成为理论课的延伸和扩展。因此,只有学好了理论课才能做好实验,实验也才有针对性和目的性。

(2)书中既有基础性实验,又有扩展性实验。每一个实验均设有预习要求及思考题,力争让学生每完成一个实验,就能把该实验的知识点掌握好。

(3)注重基本技能、测量方法、实验方法的训练和培养。常用的仪器设备反复应用于不同的实验项目中,强调仪器设备为实验内容服务,让学生学会合理选用仪器设备的某些功能来达到实验目的。

本书是在长江大学电信学院多年的电路分析实验教学经验的基础上编写而成的,力图反映近年来电路实验教学改革及实验室建设的成果。参加本书编写的有刘焰(编写第 2 章 2.1～2.3 节、第 3 章、第 4 章 4.1～4.3 节)、蔡昌新(编写第 1 章)、余仕求(编写第 2 章 2.8 节、2.11 节)、李克举(编写附录)、金波(编写其余所有章节)。本书由金波、刘焰担任主编,由刘焰统稿。

由于编者水平有限,书中难免有错误与不妥之处,恳请读者批评指正,欢迎读者提出宝贵意见。

编　者

2019 年 1 月于长江大学

目 录

1

电路实验绪论

1.1 实验目的及基本要求

1.1.1 实验目的

电路实验的目的就是让学生通过自己动手提高实践能力;引导学生分析、理解并应用实验过程中观察到的波形及现象;对实验获取的数据,能够正确地处理并进行误差分析;对一些实际问题,能够自行设计并完成整个实验过程。具体可归纳如下。

(1) 增加感性认识,巩固和扩展电路理论知识,培养应用基本理论去分析、处理实际问题的能力。

(2) 训练学生掌握最基本的电量和电路参数的测量方法。

(3) 提高分析、查找和排除电路故障的能力,学习正确处理实验数据、分析误差的方法,并能写出严谨、有理论分析、实事求是、文理通顺的实验报告。

(4) 培养学生独立设计实验的初步能力,学习仿真软件在电路中的使用。

(5) 培养学生养成良好的实验习惯及安全用电的操作习惯。

(6) 培养学生的创新精神和创新意识。

1.1.2 实验要求

为了顺利完成实验任务,确保人身、设备安全,培养严谨、踏实、实事求是的科学作风和爱护国家财产的优良品质,实验时应遵守必要的实验规则。

1. 认真预习

实验前必须认真预习,完成指定的预习任务。这包括对实验原理的理解;对实验电路方案的选定,对电路中参数的核算;为了与理论值比较,对电路还要进行理论分析;对本次实验要达到的目的和实验步骤要十分清楚。以往的实践证明,没有充分的预习,直接到实验室去做实验,盲目性很大,既浪费时间又没有什么收获。所以,养成预习的习惯十分重要,这是做好每一个实验的关键。

2. 了解实验设备

使用仪器设备前,应熟悉其性能、操作方法及各种注意事项。可以在书本上、网上查找有关仪器设备的资料,还可以到开放实验室对照实物学习操作。

3. 用电安全

由于本实验课程自始至终都要与电打交道,因此必须对用电安全予以特别的重视,切实防止发生人身和设备的安全事故,强调遵守以下要求:

(1) 不擅自接通电源;

(2) 身体不触及带电部分;

(3) 实验中遵循"先接线后合电源,先断电源后拆线"的操作程序;

(4) 操作时做到手合电源,眼观全局,先看现象,再读数据;

(5) 发生异常现象(发热、声响、焦臭等)时,应立即切断电源,保持现场,报告指导教师处理;

(6) 若造成仪器设备的损坏,实验人员需填写事故报告单并按实验室有关规定处理;

(7) 不了解设备的性能和用法时,不可使用该设备。

4. 服从管理

实验过程中应服从教师的管理,未经许可不得做与本实验无关的事情(包括其他实验),不得动用与本实验无关的设备。

5. 实验结束后的工作

实验结束后,应及时拉闸断电,整理仪器设备,填写仪器设备使用记录本。

1.1.3 实验教学方式

1. 本课程的教学方式

本课程与"电路分析"理论课同步教学(如果受到实验条件限制也可分步进行),分为必做实验和选做实验两部分内容。选做实验可在实验课中进行,也可在实验室开放时间内完成。

2. 学习成绩评定方法

本课程的学习成绩由平时成绩、笔试成绩和实验操作成绩等两部分构成。

(1) 平时成绩的评定依据是各次实验后完成的实验报告。

(2) 实验操作考试的一般形式是给定某个实验任务,由学生自主独立地完成该项实验,然后由教师根据实验完成情况给出相应的实验操作成绩。

3. 实验报告

实验报告是实验工作的全面总结,也是工程技术报告的模拟训练。要用简明的形式将实验的过程和结果完整、真实地表达出来。实验报告的基本要求是文理通顺、简明扼要、书写工整、图表规范、分析合理、讨论深入、结论正确。

在每次实验完成后,学生应能写出合乎要求的实验报告。能正确绘制各种图表,具有分析、处理实验数据的初步能力,能对实验结果作出较为合理的解释。

4. 实验课的进行方式

实验课通常分为课前预习、进行实验和课后完成实验报告等三个阶段。

课前预习是实验课的准备阶段。预习是否充分,是关系到实验能否顺利进行及能否收到预期效果的关键,因此,课前预习必须予以强调,引起重视。

进行实验时,学生需在指定的时间到实验室完成实验,实验过程中应遵守操作规程和实验室的有关规定。

实验结束后应按前述的格式和要求在规定的时间内完成实验报告。实验报告是学生平时成绩的重要依据。不交实验报告者不能参加下一次实验。

1.1.4 实验报告的编写

实验报告是对实验全过程的陈述和总结。编写电路分析实验报告,要求语言通顺、字迹清晰、原理简洁、数据准确、物理单位规范、图表齐全、结论明确。通过编写实验报告,将书本的理论知识与实验结果相互配合,加深对理论知识的理解。同时,找出理论分析与实验结果的差异,从而培养学生的工程实践能力和独立思考能力。

实验报告分为三个部分。

1. 第一部分

第一部分应该包括实验目的、实验原理和测试方案等内容。

(1)实验目的。

每一个实验都有一个主题,可以是验证某些定理,或是测试电路中的某些参数,或是通过实验来了解电路的性能等,这些就是实验要达到的目的。

(2)实验原理。

实验原理是实验的理论依据。通过理论陈述、公式计算对实验电路进行理论分析。同时要对电路中参数的选取以及电路参数对电路产生的影响进行分析。可以说,每一个成功的实验都是在相应的理论指导下进行的。如果连实验的理论基础都不清楚,这个实验将无法完成。即便是在老师的指导下做完了实验,也将不知道为什么要这样做,不会分析实验结果。

(3)测试方案。

测试方案是根据实验电路拟定的测试方案和步骤,包括针对被测试对象选择合适的测试仪表和工具,准备实验数据记录表格,制定最佳的测试方案。测试方案决定着理论分析与实验结果之间的差异程度。

例如,用伏安法测量电阻时,可以采用图 1-1 所示的两种测试方案。不论采用哪种方案,由于仪表本身具有一定的电阻,按照 $R'_x = \dfrac{U_V}{I_A}$ 来计算都会引起方法上的误差。

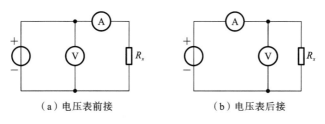

(a)电压表前接 (b)电压表后接

图 1-1 用伏安法测电阻

在图 1-1(a)中,由于电压表接在电流表之前,电压表测量的电压不仅是被测电阻上的电压,还包含了电流表上的电压,因此按欧姆定律计算出的电阻值为

$$R'_x = R_x + r_A$$

用这种连接方法引起的方法误差,以相对误差表示为

$$\gamma = \frac{R'_x - R_x}{R_x} = \frac{r_A}{R_x} \tag{1-1}$$

在图 1-1(b)中,由于电压表接在电流表之后,电流表测量的电流不仅是被测电阻中的电流,还包含了电压表中的电流,因此按欧姆定律计算出的电阻值为

$$R'_x = R_x // r_V = \frac{R_x r_V}{R_x + r_V}$$

用这种连接方法引起的方法误差,以相对误差表示为

$$\gamma = \frac{R'_x - R_x}{R_x} = -\frac{R_x}{R_x + r_V} \tag{1-2}$$

由式(1-1)和式(1-2)可知,第一种测试方案适合于测量阻值较大的电阻,而第二种测试方案适合于测量阻值较小的电阻。

2. 第二部分

第二部分通常包括实验原始记录及整理、实验步骤、实验故障及排除等内容。

（1）实验原始记录及整理。

实验原始记录是对实验结果进行分析研究的主要依据,实验原始记录应包含实验测试所得的原始数据和信号波形,或计算机仿真的电路图和分析的数据、图表、波形等。将这些原始记录进行整理后,可以得到实验的各种数据表、曲线图等。

（2）实验步骤。

对于一般的实验步骤可简述,对于特殊、关键的实验步骤要陈述其理论依据。

（3）实验故障及排除。

如果在实验中出现故障,要说明故障现象、出现故障的原因和排除故障所采取的措施。

3. 第三部分

第三部分是对实验结果进行的分析、总结,应包括误差分析、实验结论和实验收获等内容。

（1）误差分析。

实验结果与理论计算的结果一般是有差异的,这就需要进行测量上的误差估算。说明产生误差的原因。

（2）实验结论。

实验结论包括是否完成了实验任务,是否达到了实验目的,实验结果与电路分析理论是否一致等内容。

（3）实验收获。

通过实验,学生是否在实践能力培养、电路理论知识理解、仪器和仪表的使用等各方面有所提高？ 同时,是否可以对实验内容和方法提出建议,回答老师提出的思考题？ 这些都是实验后的收获。

1.2　误差分析与实验数据处理

1.2.1　测量的基本知识

在科学技术和生产实践的任何部门，测量都是非常重要的基础工作。科学研究工作经常需要对一些事物进行实验、探测及证明，这些就是一系列的测量实验工作。很难想象，如果没有适当的测量方法和仪器，科技工作者进行复杂的科研和生产实践将是多么的困难。实际上，测量技术的进步会大大提高科技发展的速度；反过来，科技的进步又会给测量理论水平的提高、技术的完善创造良好的条件。

凡是利用电子技术进行的测量都称为电子测量，它能用在电类专业的各种测量活动中。例如，对电信号传输特性的测量和电路设备的参数的测量。同样的，它也能广泛地应用在非电类专业的各种测量工作中。利用能量转换器件，把非电量转换为电量进行测量研究，而后得出或反映出非电量的测量结果。

电子测量方法除用于电类专业和非电类专业测量外，还广泛地用于科技和生产实践的其他领域。这主要是由于电子测量方法有以下特点：

（1）可得到很高的精确度和灵敏度；

（2）响应速度极快；

（3）频率范围大；

（4）容易实现遥控、遥测等智能测量。

由于测量方法进入数字化时代，现代的电子测量仪器、仪表在技术和性能上已取得非常大的进展。数字化测量主要利用微处理器集成电路，这不仅使测量获得了极高的精确度，还使得测量进入了自动化、智能化阶段。例如，电子计算机和测量仪器相结合，可组成很完美的测量系统。

1. 测量的内容

测量的内容是极其庞大、繁多的，甚至可以说是无所不包的。所以，在此只能对电路测量的内容做简略叙述如下。

（1）电能量的测量（电流、电压、功率、电磁场强度等）；

（2）电路参数的测量（电阻、电感、电容、阻抗、品质因数等）；

（3）信号参数的测量（波形、频率、相位、调制系数、失真度等）；

（4）设备性能的测量（放大倍数、灵敏度、频带、噪声系数等）；

（5）器件特性曲线的显示（幅频特性、伏安特性等）。

2. 测量的分类

在测量时，利用测量仪器和设备，可以采用各种不同的测量方法。所有这些测量方法可以归纳为两大类：直接测量和间接测量。

（1）直接测量。

能够用测量仪器、仪表直接获得测量结果的测量方式称为直接测量。在这种方式下，测量结果是将被测量与标准量直接比较所得，或者是通过使用事先标好刻度的仪表获得的。也就是说，采用这种方法，测量结果可以由一次测量的实验数据得到。例如用直流电桥测量电阻,用电压表测量电压等均属于直接测量。

(2)间接测量。

若被测量与几个物理量之间存在某种函数关系,则可通过直接测量得到这几个物理量的值,再由函数关系计算出被测量的数值,这种测量方式称为间接测量。也就是说,如果未知量不能直接测量,而是根据别的量的测量结果以及这些量与未知量的关系,再用计算公式换算而得到测量结果的,就是用间接测量方法测得的。例如用伏安法测电阻,先用电压表、电流表测出电压和电流值,然后由欧姆定律 $R=U/I$ 算出电阻值,这一测量过程就属于间接测量。间接测量时,测量目的与测量对象不一致。

直接测量法简单而常用,是间接测量法的基础。间接测量法是当被测量不能或不方便直接测量时,或者当用间接测量法会得出比直接测量法更为精确的结果时才采用的。

1.2.2 测量误差的基本概念

测量实验之后,不可缺少地要对测量所得数据进行处理和做误差分析。所以,测量实验人员必须了解和掌握:对测量数据进行整理、统计、计算或绘制曲线;能够对测量误差做出分析,了解误差的原因和特性,评定数据的可靠度,确定测量误差的正确表示法等。

1. 测量误差的定义及基本表示法

在测量过程中,总是尽力找出被测量的真实值,但由于测量仪器本身的不精确、测量方法的不完善、测量条件的不稳定,以及人员操作的失误等原因,都会使测量值和真实值存在差异,这就会造成测量误差。测量误差通常可分为绝对误差和相对误差两种。

(1)绝对误差。

绝对误差可以表示为

$$\Delta x = x - x_0 \qquad\qquad (1\text{-}3)$$

式中:Δx 为绝对误差;x 为测量值;x_0 为真实值。

绝对误差 Δx 是正(负),表示测量值大(小)于真实值。事实上,由于微观量值的不确定性,绝对的真实值是不可测知的,所以式(1-3)中的真实值 x_0 总是用更高一级的标准仪表的测量值来代替的。

(2)相对误差。

绝对误差的表示方法有它的不足之处,这就是它往往不能确切地反映测量准确程度的原因。例如,测量两个频率,其中一个频率 $f_1=1000$ Hz,其绝对误差 $\Delta f_1=1$ Hz;另一个频率 $f_2=1000000$ Hz,其绝对误差 $\Delta f_2=10$ Hz,尽管 $\Delta f_2 > \Delta f_1$,但是我们并不能因此得出 f_1 的测量值较 f_2 的测量值准确的结论。恰恰相反,由于 f_1 的测量误差对 $f_1=1000$ Hz 来讲占 0.1%,而 f_2 的测量误差仅占 $f_2=1000000$ Hz 的 0.001%。也就是说,f_2 的测量误差实际小于 f_1 的测量误差。因而,为了弥补绝对误差的不足,又提出了相对误差的概念。

所谓相对误差是指绝对误差与真实值的比值,通常用百分数表示。若用 γ 表示相对误差,则有

$$\gamma = \frac{\Delta x}{x_0} \times 100\% \qquad\qquad (1\text{-}4)$$

如上述 f_1 的测量相对误差为 0.1%，而 f_2 的测量相对误差为 0.001%。相对误差是一个只有大小和符号，而没有单位的量。

一个仪器的准确程度，也可以用误差的绝对形式和相对形式共同表示。例如，某脉冲信号发生器输出脉冲宽度的误差表示为 $\pm10\%\pm0.025\,\mu s$。也就是说，该脉冲发生器的脉宽误差由两部分组成，第一部分为输出脉宽的 $\pm10\%$，这是误差中的相对部分；第二部分 $\pm0.025\,\mu s$ 与输出脉宽无关，可看成是误差中的绝对部分。显然，当输出窄脉冲时，误差的绝对部分起主要作用；当输出宽脉冲时，误差的相对部分起主要作用。

常用电工仪表的测量精度分为 ±0.1、±0.2、±0.5、±1.0、±1.5、±2.5、±5.0 等七级，分别表示它们引用的相对误差所不超过的百分比。

1.2.3 误差的来源和分类

1. 误差来源

误差的主要来源有仪器误差、使用误差、环境影响误差和方法误差等，说明如下。

（1）仪器误差是由于仪器本身的电器和机械性能不完善所产生的误差。

（2）使用误差是指人们在使用仪器的过程中出现的误差。例如，安装、调节和使用不当等造成的误差。

（3）环境影响误差是指测量过程受到温度、湿度、电磁场、机械振动、声、光等的影响所造成的误差。

（4）方法误差是指使用的测量方法不完善或理论不严密所造成的误差。

2. 误差的分类

测量误差常分为粗大误差、系统误差和随机误差等三大类，说明如下。

（1）粗大误差也称为疏失误差，是由于测量人员的粗心或测量条件发生突变引入的误差。其量值与正常值明显不同。例如实验时读取数有错误，记录有错误。含有粗大误差的量值常称为坏值或异常值。实验数据中出现异常值时，必须慎重处理其去留。应当根据统计方法的某些准则，判断测量数据中哪些是必须消除的坏值。

（2）系统误差是由仪器的固有误差、测量工作条件、人员的技能等整个测量系统引入的有规律的误差。对于系统误差，可以用改进测量方法，用标准仪表进行校正，采取措施改善测量条件等办法来减小或消除它，从而得到更为准确的测量结果。常用 $x\pm\Delta$ 表示由系统误差造成的测量误差。其中，x 是测量的结果值；Δ 是误差极限（边界）；$\pm\Delta$ 是误差的范围。

一般来说，测量实验的条件确定之后，系统误差就是恒定值。当条件改变时，系统误差也随之改变。然而，可以尽力找出误差源，进行校正改善，或者采用另一种适当的测量方法，削弱或基本消除系统造成的误差。削弱系统误差的方法一般有零示法、替代法、交换法、补偿法、微差法。

（3）随机误差又称偶然误差，在相同的条件下，多次重复测量同一个量，各次测量的误差时大时小、时正时负，呈杂乱的变化，这就是随机误差。人们无法校正和消除这种误差。

虽然随机误差不可预测，变化杂乱，但从多次重复测量中可以发现这些误差总体服从一种统计规律。从其统计规律中能找出这种误差的分布特性，并能对测量结果的可靠性做出评估。

1.2.4 评定测量结果

通常用准确度、精密度和精确度来说明测量结果。

1. 准确度

准确度说明测量值与真实值的接近程度，反映系统误差的大小。一般地，准确度是指某事物与其要达到的效果的吻合程度。例如，钟表时间与标准时间的吻合程度。

2. 精密度

精密度一般是指某事物的完善、精致和细密程度。评价一个仪表很精密，是指它的设计和构造精巧、严密和考虑周到。精密度和准确度有相对的独立性。例如，一只精密的钟表如果不与标准时间校对，就可能不准确；但精密的东西却容易做到准确，暂时准确的东西并非一定是精密的结果。

在测量学中，用准确度说明系统误差的大小，用精密度说明随机误差的大小。系统误差小的测量必然准确度高。对同一个量进行多次重复测量，如果各次测量数据互相接近而且集中，则表明随机误差小、精密度高。

3. 精确度

精确度是精密度和准确度的总称，表示既精密又准确。

1.2.5 工程测量误差的估计

在间接测量时，最大相对误差可以采用以下公式计算。

1. 被测量为几个量的和

被测量为几个量的和时，有

$$y = x_1 + x_2 + x_3$$

式中，各个量的变化 Δy、Δx_1、Δx_2、Δx_3 之间存在下述关系：

$$\Delta y = \Delta x_1 + \Delta x_2 + \Delta x_3$$

若将各个量的变化量看做绝对误差，则相对误差为

$$\frac{\Delta y}{y} = \frac{\Delta x_1}{y} + \frac{\Delta x_2}{y} + \frac{\Delta x_3}{y}$$

被测量的最大相对误差应出现在每个量的相对误差均为同一符号的情况下，并用 γ_y 表示，则有

$$\gamma_y = \left| \frac{\Delta x_1}{y} \right| + \left| \frac{\Delta x_2}{y} \right| + \left| \frac{\Delta x_3}{y} \right| = \left| \frac{x_1}{y} \gamma_1 \right| + \left| \frac{x_2}{y} \gamma_2 \right| + \left| \frac{x_3}{y} \gamma_3 \right| \tag{1-5}$$

式中：$\gamma_1 = \frac{\Delta x_1}{x_1}$、$\gamma_2 = \frac{\Delta x_2}{x_2}$、$\gamma_3 = \frac{\Delta x_3}{x_3}$ 为 x_1、x_2、x_3 这三个量的相对误差。

由式(1-5)可以看出，数值较大的量对总的相对误差的影响比较大。

2. 被测量为两个量的差

被测量为两个量的差时，有

$$y = x_1 - x_2$$

若从最不利的情况考虑，经推导可得最大相对误差：

$$\gamma_y = \left| \frac{x_1}{y} \gamma_1 \right| + \left| \frac{x_2}{y} \gamma_2 \right| \tag{1-6}$$

式中，x_1 与 x_2 数值非常接近时，即使每个量的相对误差很小，被测量的相对误差也可能很大，所以这种测量应该尽量避免。

例如：按图 1-2(a) 所示的连接方法测得等效电感为 L'，按图 1-2(b) 所示的连接方法测得等效电感为 L''，根据电路理论，两线圈之间的互感应为

$$M = \left| \frac{L' - L''}{4} \right|$$

设用电桥测出

$$L' = 1.20 \text{ mH}, \quad L'' = 1.15 \text{ mH}$$

又已知两次测量的精度均为 $\pm 0.5\%$，则由上式可得

$$M = \frac{1.20 - 1.15}{4} \text{ mH} = \frac{0.05}{4} \text{ mH} = 0.0125 \text{ mH}$$

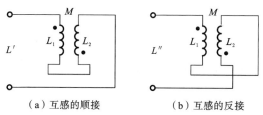

（a）互感的顺接　　　　　（b）互感的反接

图 1-2　用顺接和反接测量线圈的互感

由式 (1-6) 可得

$$\gamma_M = \left| \frac{L'}{M} \gamma_{L'} \right| + \left| \frac{L''}{M} \gamma_{L''} \right| = \frac{1.20}{0.0125} \times 0.5\% + \frac{1.15}{0.0125} \times 0.5\% = 94\%$$

显然，这样的测量结果是没有价值的。

在上述测量中，如果 L' 和 L'' 的数值相差很大，取 $L' = 1.72 \text{ mH}$，$L'' = 0.12 \text{ mH}$，则有

$$M = \frac{1.72 - 0.12}{4} \text{ mH} = \frac{1.60}{4} \text{ mH} = 0.40 \text{ mH}$$

由式 (1-6) 可得

$$\gamma_M = \left| \frac{L'}{M} \gamma_{L'} \right| + \left| \frac{L''}{M} \gamma_{L''} \right| = \frac{1.72}{0.4} \times 0.5\% + \frac{0.12}{0.4} \times 0.5\% = 2.3\%$$

在这种情况下，所得出的测量误差在工程上一般是容许的。

3. 被测量等于多个量的积或商

被测量为多个量的积或商时，有

$$y = x_1^n + x_2^m$$

对上式取对数，有

$$\ln y = n \ln x_1 + m \ln x_2$$

再微分得

$$\frac{\mathrm{d}y}{y} = n \frac{\mathrm{d}x_1}{x_1} + m \frac{\mathrm{d}x_2}{x_2}$$

于是，测量时的最大相对误差为

$$\gamma_y = | n \gamma_1 | + | m \gamma_2 | \tag{1-7}$$

由式 (1-7) 可知，指数较大的量对误差的影响也较大。

例如：为了测量电路中负载的功率，可以采用间接测量法来测量。用电压表测量负

载两端的电压,然后根据下面的公式计算功率:

$$P = \frac{U^2}{R}$$

采用间接测量法测量的最大相对误差为

$$\gamma_P = |2\gamma_U| + |\gamma_R|$$

式中:γ_U 为电压表测量时的最大相对误差;γ_R 为负载电阻的最大相对误差。

假设用数字万用表测得电压为 8 V,直流电压表内阻为 10 MΩ,精度为 0.8%,选用的负载电阻为 0.05 级,100 Ω。则负载的功率近似等于

$$P = \frac{U^2}{R} = \frac{64}{100} \text{ W} = 0.64 \text{ W}$$

测量时电压表的基本误差为

$$\gamma_P = |2\gamma_U| + |\gamma_R| = 2 \times 0.8\% + 0.05\% = 1.65\%$$

1.2.6　测量数据的处理

通过实际测量并取得测量数据后,通常要对这些数据进行计算、分析、整理,有时还要把数据归纳成一定的表达式或画成表格、曲线等,也就是要进行数据处理。

数据处理是建立在误差分析的基础上的。在数据处理的过程中要进行去粗取精、去伪存真的工作,并通过分析、整理引出正确的科学结论,这些结论还要在实践中进一步检验。

1. 有效数字

由于在测量中不可避免地存在误差,并且仪器的分辨能力有一定的限制,因此测量数据不可能完全准确。同时,在对测量数据进行计算时,遇到像 π、e、$\sqrt{2}$ 等无理数时,在实际计算中也只能取近似值,因此我们得到的数据通常只是一个近似数。当我们用这个数表示一个量时,为了表示得确切,通常规定误差不得超过末位单位数字的一半,由此引入有效数字的概念。对于这种误差不大于末位单位数字一半的数,从它左边第一个不为零的数字起,直到右边最后一个数字止,都是有效数字。例如 375,123.08,3.10等,只要其误差不大于末位单位数字之半,它们都是有效数字。

值得注意的是,数字左边的零不是有效数字,而数字中间和右面的零都是有效数字。例如 0.0038 kΩ,左面的三个零就不是有效数字,因为该值可以通过单位变换变为3.8 Ω,可见其只有两位有效数字。而对于 3.860 V 这样的数字,最右边的一个零也是有效数字,它对应着测量的准确程度,我们不能随意把它改写成 3.86 V 或 3.8600 V,如果改变的话,就意味着测量准确程度发生变化。

此外,对于像 391000 Hz 这样的数字,假如在百位数上就包含了误差,即可以说只有四位有效数字,这时百位数字上的零是有效数字不能去掉,但十位和个位数上的零虽然不再是有效数字,可是它们要用来表示数字的位数,也不能任意去掉,这时为了区别右面三个零的不同,通常采用有效数字乘上十的乘幂的形式,例如将上述 391000 Hz 写成有效数字应为 3.910×10^5 Hz,它清楚地表明有效数字只有四位,误差绝对值不大于50 Hz。

2. 数字的舍入规则

当需要 n 位有效数字时,对超过 n 位的数字就要根据舍入规则进行处理。例如对

某电压进行了四次测量,每次测量值均可用四位有效数字表示,分别为 $V_1 = 38.71$ V, $V_2 = 38.68$ V, $V_3 = 38.70$ V, $V_4 = 38.72$ V,它们的平均值为

$$\bar{V} = \frac{1}{4}\sum_{i=1}^{4} V_i = 38.7025 \text{ V}$$

对每个测量值而言,小数点后面第二位都含有误差,那么它们的平均值在小数点后面第二位当然也会包含误差,则在小数点后第三、四位的数字就没有什么意义了,因此应该根据舍入规则把这两个数字处理掉。

目前广泛采用如下舍入规则:

(1) 当保留 n 位有效数字时,若后面的数字小于第 n 位单位数字的 0.5 就舍掉;

(2) 当保留 n 位有效数字时,若后面的数字大于第 n 位单位数字的 0.5,则第 n 位数字进 1;

(3) 当保留 n 位有效数字时,若后面的数字正好为第 n 位单位数字的 0.5,则第 n 位数字为偶数或零时就舍掉后面的数字;第 n 位数字为奇数时,第 n 位数字加 1。

上面的舍入规则可简单地概括为"小于 5 舍,大于 5 入,等于 5 时取偶数"。

【例】 将下列数字保留 3 位有效数字。

(1) 45.77　　　　(2) 43.035　　　　(3) 38050　　　　(4) 47.15

则有:(1) 45.77→ 45.8(因 0.07 > 0.05,所以末位进 1);

(2) 43.035→ 43.0(因 0.035 < 0.05,所以舍掉);

(3) 38050→380×10^2(因第四位为 5,而第三位为 0,即偶数,所以舍掉);

(4) 47.15→ 47.2(因第四位为 5,而第三位为 1,即奇数,所以第三位进 1)。

1.2.7 测量数据的记录

目前使用的仪表大部分是数字式仪表,本小节主要讨论它的测量数据记录方法。

1. 数字式仪表读数的记录

从数字式仪表上可直接读出被测量的量值,读出值即可作为测量结果予以记录,而无需再经计算。需要注意的是,对数字式仪表而言,若测量时量程选择不当,则会丢失有效数字。因此在测量时,合理选择数字式仪表的量程尤为重要。例如,用某数字电压表测量 1.682 V 的电压,在不同量程时的显示值如表 1-1 所示。

表 1-1　数字式仪表的有效数字

量程/V	2	20	100
显示值	1.682	01.68	001.6
有效数字位数	4	3	2

从表 1-1 可见,量程选择不当将导致损失有效数字。在此例中只有选择"2V"的量程才是恰当的。实际测量时,一般是使被测量值小于但接近于所选择的量程最为合适,注意不可选择过大的量程。

2. 测量结果的完整填写

在电路分析实验中,最终的测量结果通常由测得值和相应的误差共同表示。这里的误差是指仪表在相应量程时的最大绝对误差。

假设仪表的准确度等级为 0.3 级,则在 150 V 量程时的最大绝对误差为 $\Delta U_m = \pm \alpha\% \cdot U_m = \pm 0.3\% \times 150\ V = \pm 0.45\ V$。在工程测量中,误差的有效数字一般只取一位,并采用的是"进位法",即只要有效数字后面应予舍弃的数字是 $1 \sim 9$ 中的任何一个时都应进一位,这时的 ΔU 应取为 $\pm 0.5\ V$。

注意,在测量结果的最后表示中,测得值的有效数字的位数取决于测量结果的误差,即测得值的有效数字的末位数与测量误差的末位数是同一个数位。

1.2.8 测量数据的整理

对在实验中所记录的测量原始数据,通常还需加以整理,以便于进一步的分析,作出合理的评估,给出切合实际的结论。

1. 数据的排列

为了分析计算的便利,通常希望原始实验数据按一定的顺序排列。若记录下的数据未按期望的顺序排列,则应予以整理,如将原始数据按从小到大或从大到小的顺序进行排列。当数据量较大时,这种排序工作最好由计算机完成。

2. 坏值的剔除

在测量数据中,有时会出现偏差较大的测量值,这种数据被称为离群值。离群值可分为两类,一类是由粗大误差产生的,或是因为随机误差过大、超过了给定的误差界限产生的,这类数据为异常值,属于坏值,应予剔除。另一类也是因为随机误差较大而产生的,但未超过规定的误差界限,这类测量值属于极值,应予保留。

需说明的是,若确知测量值为粗大误差,则即便其偏差不大,未超过误差界限,也必须予以剔除。

3. 数据的补充

在测量数据的处理过程中,有时会遇到缺损的数据,或者需要知道测量范围内未测出的中间数值,这时可采用插值法(也称内插法)计算出这些数据。

1.2.9 实验数据的表示

对获取的实验数据,应在整理后以适当的形式表示出来。数据表示的基本要求是简洁、直观,便于阅读、比较和分析计算。常用的表示方法有列表法和图形表示法。

表 1-2 为一个实验数据列表的示例。

表 1-2 一端口伏安特性实验数据

给定值	负载 R_L/Ω	∞	2000	1500	1000	500	300	100	0
测量值	U/V								
	I/mA								

除了上述用数字、表格等表示测量结果的方法外,绘制曲线图形也是常用的实验数据表示法。绘制曲线图形法的优点是直观、形象,能清晰地反映变量之间的函数关系和变化规律。

2

实际操作实验

本章主要学习用电器元件搭接电路的实验方法,涉及数字万用表、直流稳压电源、示波器、信号发生器的使用。通过对电路的测试、电路定理的验证,进一步加深对电路的理解、对电路定理的认识。

2.1 基尔霍夫定律与电位的测定

2.1.1 实验目的

（1）通过实验理解并验证基尔霍夫定律。

（2）熟练掌握电压、电流的测量方法。

（3）学习电位的测量方法,用实验证明电位的相对性和电压的绝对性。

2.1.2 实验仪器及元器件

（1）可调直流稳压电源,1台；

（2）数字万用表,1块；

（3）电阻元件,若干；

（4）电路板,1块；

（5）二极管,1个。

2.1.3 预习要求

（1）熟悉基尔霍夫电压、电流定律的概念。

（2）熟悉支路、节点、回路、网孔的概念。

（3）熟悉电位的概念。

（4）掌握所有电路的理论计算方法。

（5）明确实验要达到的目的、实验内容以及步骤和方法。

2.1.4 实验原理

1. 基尔霍夫定律

基尔霍夫定律是电路的基本定律,它规定了电路中各支路电流之间和支路电压之间必须服从的约束关系,无论电路元件是线性的还是非线性的,时变的还是非时变的,只要电路是集总参数电路,都必须服从这个约束关系。

基尔霍夫电流定律(KCL):在集总参数电路中,任何时刻,对任意节点,所有支路电流的代数和恒为零,既

$$\sum I = 0$$

通常约定:流入节点支路为正号,流出节点支路为负号。

基尔霍夫电压定律(KVL):在集总参数电路中,任何时刻,沿着任一回路内所有支路或元件电压的代数和恒为零,既

$$\sum U = 0$$

通常约定:凡支路电压或元件电压的参考方向与回路的绕行方向一致的取正号,反之则取负号。

2. 电位的定义

某点的电位即该点与参考点(地)间的电压。两点间的电压就是两点的电位之差。电位是相对参考点而言的,不说明参考点,电位就无意义。电位随参考点不同而异,但电压是不变的。

3. 电路分析

测试电路如图 2-1 所示,写出节点 B 的 KCL 及两网孔的 KVL。

节点 B 的 KCL:

$$I_1 - I_2 - I_3 = 0$$

两网孔的 KVL:

$$U_{AB} + U_{BE} + U_{EF} + U_{FA} = 0$$
$$U_{BC} + U_{CD} + U_{DE} + U_{EB} = 0$$

2.1.5　基础性实验任务及要求

1. 验证基尔霍夫电流定律

基尔霍夫电流定律(KCL)验证电路如图 2-2 所示,用万用表分别测量电流 I_1、I_2、I_3。测量时注意:用万用表串联的方式测量电流,红表笔接参考电流流入方向。将测量结果填入表 2-1 中,并与表中计算值进行比较。

2. 验证基尔霍夫电压定律(KVL)

在图 2-2 所示电路中,取回路 ABEFA 及 BCDEB,并按图中回路箭头方向分别测量电阻及电源电压。测量时注意:用万用表并联的方式测量电压,红表笔接参考电压正方向。将测量结果填入表 2-1 中,并与表中计算值进行比较。

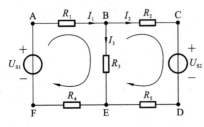

图 2-1　测试电路

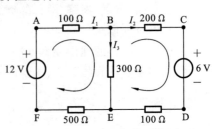

图 2-2　基尔霍夫电流定律验证电路

表 2-1 验证基尔霍夫电流定律、电压定律实验数据及理论计算

项目	I_1	I_2	I_3	$\sum I$	U_{AB}	U_{BE}	U_{EF}	U_{FA}	$\sum U$	U_{BC}	U_{CD}	U_{DE}	U_{EB}	$\sum U$
	单位:mA				单位:V					单位:V				
测量值														
计算值														
误差														

3. 电位、电压的测量

在图 2-2 中,分别以点 B、点 E 为参考点,测量电路中 A、B、C、D、E、F 各点的电位及两点之间的电压值 U_{AB}、U_{BC}、U_{CD}、U_{DE}、U_{EB}、U_{EF}、U_{FA},将测量结果填入表 2-2 中,并与表中计算值进行比较。

表 2-2 电位、电压的测量数据及理论计算

项目		V_A	V_B	V_C	V_D	V_E	V_F	U_{AB}	U_{BC}	U_{CD}	U_{EB}	U_{EF}	U_{DE}	U_{FA}	U_{AD}
		单位:V						单位:V							
参考点 B	测量值														
	计算值														
	误差														
参考点 E	测量值														
	计算值														
	误差														

2.1.6 扩展实验

将图 2-1 所示电路中的电阻 R_1 用非线性元件二极管代替,电路中其他元件同图 2-2 所示电路中的元件,重复验证基尔霍夫电流定律(KCL)及基尔霍夫电压定律(KVL),将测量结果填入表 2-1 中,并与表中计算值进行比较。

2.1.7 实验步骤和方法

(1)按图 2-1 所示电路在电路板上接线,电路中的电源电压和各电阻的电阻值可由学生自己选取,也可以参考电路图 2-2 中的参数取值。

(2)电路接线完成后,接通电源,用数字万用表测量各点的电位和电压。

2.1.8 实验注意事项

(1)在实验室取得电阻后应用万用表测量其电阻值。

(2)每个学生连接的电路中的电阻值可能选得不一样,但得到的实验结论应是相同的。

(3)实验前应对所有电路进行理论计算,以便与测量结果比较并适当选用仪表的量程。

(4)电路接线完成并经检查无误后才可接通电源;改接或拆线时应先断开电源。

2.1.9 思考题

（1）将图 2-1 中电阻 R_3 换成一个电压源，KCL、KVL 还成立吗？

（2）参考点不同，各点电位有变化吗？参考点不同时，两点之间的电压有变化吗？

2.1.10 实验报告要求

（1）画出实验原理电路图，标上参数。

（2）写出实验内容和步骤、各种理论计算值及实验测得的数据。

（3）写出实验结论。

（4）进行测量误差分析。

（5）写出心得体会。

2.2 电阻的星形连接与三角形连接的等效变换

2.2.1 实验目的

（1）了解电阻的星形（以下简称 Y 形）连接与三角形（以下简称△形）连接的等效变换原理。

（2）了解电阻的 Y 形连接与△形连接的等效变换作用。

（3）通过实验验证电阻的 Y 形连接与△形连接的等效变换条件。

2.2.2 实验仪器及元器件

（1）可调直流稳压电源，1 台；

（2）数字万用表，1 块；

（3）电阻元件，若干；

（4）电路板，1 块；

（5）10 kΩ 可调电阻，3 个。

2.2.3 预习要求

（1）熟悉电阻 Y 形连接与△形连接的等效变换。

（2）星形连接的电路如图 2-3(a)所示，其中，$R_1 = 1\ \text{k}\Omega$，$R_2 = 1\ \text{k}\Omega$，$R_3 = 2\ \text{k}\Omega$，若将电路变换成如图 2-3(b)所示的△形连接形式，理论计算 $R_{12} = \underline{\qquad}$，$R_{23} = \underline{\qquad}$，$R_{31} = \underline{\qquad}$。

（3）△形连接的电路如图 2-3(b)所示，其中，$R_{12} = 1\ \text{k}\Omega$，$R_{23} = 2\ \text{k}\Omega$，$R_{31} = 2\ \text{k}\Omega$，若将电路变换成如图 2-3(a)所示的 Y 形连接形式，理论计算 $R_1 = \underline{\qquad}$，$R_2 = \underline{\qquad}$，$R_3 = \underline{\qquad}$。

2.2.4 实验原理

1. 电阻的 Y 形连接与△形连接

将三个电阻的一端接在一个节点上，而它们的另一端接到三个不同的端子上，这就构成电阻的 Y 形连接,如图 2-3(a)所示。将三个电阻分别接在每两个端子之间,使三个电阻本身构成一个回路,这就构成电阻的△形连接,如图 2-3(b)所示。

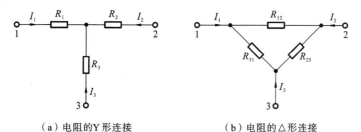

（a）电阻的Y形连接　　　　　（b）电阻的△形连接

图 2-3　电阻的 Y 形连接与△形连接

2. 等效变换条件

如图 2-3 所示,如果两个网络在端口处的电压 U_{12}、U_{23}、U_{31} 相等,流入端子的电流 I_1、I_2、I_3 相等,则这两个网络互相等效。

将图 2-3(a)所示的 Y 形连接电路等效成图 2-3(b)所示的△形连接电路,其等效条件为

$$R_{12}=\frac{R_1 R_2+R_2 R_3+R_3 R_1}{R_3}=R_1+R_2+\frac{R_1 R_2}{R_3},$$

$$R_{23}=\frac{R_1 R_2+R_2 R_3+R_3 R_1}{R_1}=R_2+R_3+\frac{R_3 R_2}{R_1}, \qquad (2\text{-}1)$$

$$R_{31}=\frac{R_1 R_2+R_2 R_3+R_3 R_1}{R_2}=R_1+R_3+\frac{R_1 R_3}{R_2}$$

将图 2-3(b)所示的△形连接电路等效成图 2-3(a)所示的 Y 形连接电路,其等效条件为

$$R_1=\frac{R_{31} R_{12}}{R_{12}+R_{23}+R_{31}}, \quad R_2=\frac{R_{12} R_{23}}{R_{12}+R_{23}+R_{31}}, \quad R_3=\frac{R_{31} R_{23}}{R_{12}+R_{23}+R_{31}} \qquad (2\text{-}2)$$

2.2.5　基础性实验任务及要求

1. 验证电阻的 Y 形连接变换为△形连接的等效条件

实验电路如图 2-4 所示,$R_1=1\ \text{k}\Omega$,$R_2=1\ \text{k}\Omega$,$R_3=2\ \text{k}\Omega$,用万用表分别测量相应电流、电压。测量时注意:用万用表串联的方式测量电流,红表笔接参考电流流入方向;

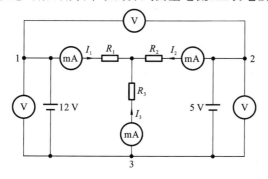

图 2-4　电阻的 Y 形连接

用万用表并联的方式测量电压,红表笔接参考电压正方向。将测量结果填入表 2-3 中。

表 2-3　电阻 Y 形连接测量数据

U_{12}/V	U_{23}/V	U_{31}/V	I_1/mA	I_2/mA	I_3/mA

将图 2-4 中所示的 Y 形连接的电阻值代入式(2-1)中,计算等效变换后△形连接的电阻值 R_{12}、R_{23}、R_{31},并填入表 2-4 中。

表 2-4　Y 形连接等效为△形连接

电阻的 Y 形连接			电阻的△形连接		
$R_1/\text{k}\Omega$	$R_2/\text{k}\Omega$	$R_3/\text{k}\Omega$	$R_{12}/\text{k}\Omega$	$R_{23}/\text{k}\Omega$	$R_{31}/\text{k}\Omega$
1	1	2			

将图 2-4 所示的电阻的 Y 形连接电路按图 2-5 所示连接成△形连接电路,其中电阻的取值用表 2-4 中的计算值(用可调电位器),然后测量电路参数,将测量结果填入表 2-5 中。

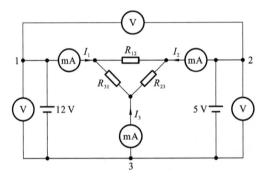

图 2-5　电阻的△形连接

表 2-5　电路参数的等效验证(1)

U'_{12}/V	U'_{23}/V	U'_{31}/V	I'_1/mA	I'_2/mA	I'_3/mA

对比表 2-3 和表 2-5 中的测量数据,验证等效条件。

2. 验证电阻的△形连接变换为 Y 形连接的等效条件

如图 2-5 所示的电阻的△形连接电路,其中,$R_{12}=1\text{ k}\Omega$,$R_{23}=1\text{ k}\Omega$,$R_{31}=2\text{ k}\Omega$,用万用表测量电路参数,填入表 2-6 中。

表 2-6　△形连接测量数据

U'_{12}/V	U'_{23}/V	U'_{31}/V	I'_1/mA	I'_2/mA	I'_3/mA

将表 2-6 中所示的△形连接的电阻值代入式(2-2)中,计算等效变换后 Y 形连接的电阻值 R_1、R_2、R_3,并填入表 2-7 中。

将图 2-5 所示的电阻的△形连接电路按图 2-4 所示连接成 Y 形连接电路,其中电阻的取值用表 2-7 中的计算值(用可调电位器),然后测量电路参数,将测量结果填入表

2-8 中。

表 2-7　△形连接等效为 Y 形连接

电阻的 Y 形连接			电阻的△形连接		
$R_1/\mathrm{k\Omega}$	$R_2/\mathrm{k\Omega}$	$R_3/\mathrm{k\Omega}$	$R_{12}/\mathrm{k\Omega}$	$R_{23}/\mathrm{k\Omega}$	$R_{31}/\mathrm{k\Omega}$
			1	2	2

表 2-8　电路参数的等效验证（2）

U_{12}/V	U_{23}/V	U_{31}/V	I_1/mA	I_2/mA	I_3/mA

对比表 2-6 和表 2-8 中的测量数据，验证等效条件。

2.2.6　扩展实验

电路如图 2-6 所示，其中，$R_1=R_2=R_3=2\ \mathrm{k\Omega}$，$R_4=R_5=R_6=6\ \mathrm{k\Omega}$，画出简化电路并自拟表格，通过实验验证简化前后两个电路的等效性。

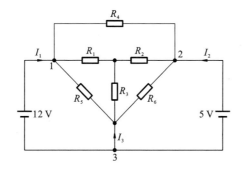

图 2-6　复杂电路

2.2.7　实验步骤和方法

（1）按图 2-4、图 2-5 所示电路在电路板上接线，电路中的电源电压和各电阻的电阻值可由学生自己选取，也可以参考电路图中的参数选取。

（2）电路接线完成后，再接通电源，用数字万用表测量电流和电压。

2.2.8　实验注意事项

（1）在实验过程中，仔细分清 Y 形连接电路与△形连接电路的电阻值。

（2）每个学生连接的电路中的电阻值可能选得不一样，但得到的实验结论应是相同的。

（3）实验数据取小数点后两位。

（4）电路接线完成并经检查无误后才可接通电源；改接或拆线时应先断开电源。

2.2.9　思考题

（1）Y 形连接电路与△形连接电路等效变换在电阻等效变换中起什么作用？

（2）在计算等效电阻时，Y 形连接电路与△形连接电路在任意条件下必须变换吗？

2.2.10 实验报告要求

（1）画出实验原理电路图，标上参数。
（2）写出实验内容和步骤、各种理论计算值及实验测得的数据。
（3）写出实验结论。
（4）进行测量误差分析。
（5）写出心得体会。

2.3 电源的等效变换

2.3.1 实验目的

（1）通过实验加深对独立电压源和独立电流源的认识。
（2）验证实际电压源和实际电流源的等效变换条件。
（3）掌握电源外特性的测试方法。

2.3.2 实验仪器及元器件

（1）可调直流稳压电源，1台；
（2）数字万用表，1块；
（3）电阻元件，若干；
（4）电路板，1块；
（5）三极管，1个；
（6）510 Ω 可调电阻，1个。

2.3.3 预习要求

（1）了解理想电压源与实际电压源的概念，它们的伏安关系曲线有什么不同？
（2）了解理想电流源与实际电流源的概念，它们的伏安关系曲线有什么不同？
（3）什么是"等效变换"？电源等效变换的条件是什么？
（4）直流稳压电源既能稳压又能稳流，实际如何操作？
（5）明确实验要达到的目的、实验内容以及步骤和方法。

2.3.4 实验原理

1. 实际电压源的模型

在一定的电流输出范围内，直流稳压电源具有很小的电阻，因此在实际应用中常将它视为一个理想电压源。一个实际电压源可以看作是一个理想电压源 U_s 与内阻 R_s 的串联组合，如图 2-7(a)所示，伏安关系曲线如图 2-8(b)所示。在图 2-7(a)中，U 是端电压，I 是负载电流，R_L 是负载电阻。U 和 I 的关系为

$$U = U_s - R_s I \tag{2-3}$$

2. 实际电流源的模型

在一定的范围内，直流稳流电源的输出电流是不变的，因此可将它视为理想电流

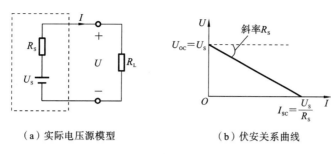

（a）实际电压源模型　　　　　（b）伏安关系曲线

图 2-7　实际电压源的等效表示

源。一个实际电流源可以看作是一个理想电流源 I_S 与内阻 R_0 的并联组合,如图 2-8(a)所示,伏安关系曲线如图 2-8(b)所示。在图 2-8(a)中,U 是端电压,I 是负载电流,R_L 是负载电阻。U 和 I 的关系为

$$I = I_S - \frac{U}{R_0} \tag{2-4}$$

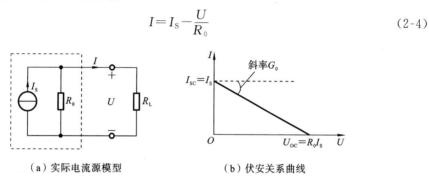

（a）实际电流源模型　　　　　（b）伏安关系曲线

图 2-8　实际电流源的等效表示

3. 电源等效变换

一个实际电源可以用两种不同形式的电源模型来表示,一种是电压源模型,另一种是电流源模型(见图 2-9)。就其外部特性即伏安关系来说,在一定条件下这两种电源模型是完全相同的,功率也保持不变。因此,就外部电路的作用来看这两种电源模型是完全等效的。

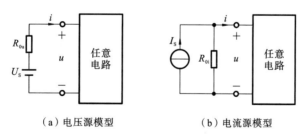

（a）电压源模型　　　　　（b）电流源模型

图 2-9　两种电源模型的等效变换

对于如图 2-9(a)所示的电压源模型,有

$$u = U_S - R_{0u}i \tag{2-5}$$

对于如图 2-9(b)所示的电流源模型,有

$$i = I_S - \frac{u}{R_{0i}} \tag{2-6}$$

移项变换后,可得

$$u = R_{0i}I_S - R_{0i}i \qquad (2\text{-}7)$$

比较式(2-5)和式(2-7),欲使两电路有完全相同的端口电压与电流的关系,就应该满足

$$\begin{cases} U_S = R_{0i}I_S \\ R_{0u} = R_{0i} \end{cases} \quad \text{或} \quad \begin{cases} I_S = \dfrac{U_S}{R_{0u}} \\ R_{0i} = R_{0u} \end{cases} \qquad (2\text{-}8)$$

2.3.5 基础性实验任务及要求

1. 直流稳压电源伏安特性的测量

如图 2-10 所示电路,改变可调电阻 $R_P = 510\ \Omega$ 的电阻值,测量对应的电压值和电流值,并填入表 2-9 中。

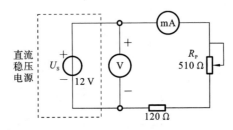

图 2-10 稳压电源的测量

表 2-9 直流稳压电源的电流和电压数据

I/mA	90	80	70	60	50	40	30
U/V							

2. 串联内阻后直流稳压电源伏安特性的测量

如图 2-11 所示电路,改变可调电阻 $R_P = 510\ \Omega$ 的电阻值,测量对应的电压值和电流值,并填入表 2-10 中。

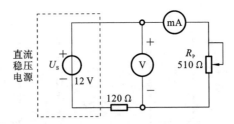

图 2-11 带内阻的稳压电源的测量

表 2-10 带内阻的直流稳压电源的电流和电压数据

I/mA	90	80	70	60	50	40	30
U/V							

3. 直流稳流电源伏安特性的测量

如图 2-12 所示电路,改变可调电阻 $R_P = 510\ \Omega$ 的电阻值,测量对应的电压值和电流值,并填入表 2-11 中。

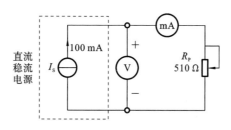

图 2-12 稳流电源的测量

表 2-11 直流稳流电源的电流和电压数据

I/mA	90	80	70	60	50	40	30
U/V							

4. 并联内阻后直流稳流电源伏安特性的测量

如图 2-13 所示电路,改变可调电阻 $R_P=510\ \Omega$ 的电阻值,测量对应的电压值和电流值,并填入表 2-12 中。

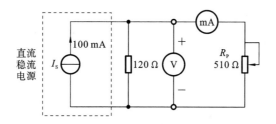

图 2-13 带内阻的稳流电源的测量

表 2-12 带内阻的直流稳流电源的电流和电压数据

I/mA	90	80	70	60	50	40	30
U/V							

2.3.6 扩展实验

用两个理想电压源、一个三极管和两个电阻构成一实际电源,如图 2-14 所示,其中,E_1 可调,$E_2=12\ \text{V}$,$R_S=1\ \text{k}\Omega$,$R_b=2\ \text{k}\Omega$,R_L 可调。测量其伏安特性,自拟表格记录数据,绘制伏安特性曲线,并判断该电路的类型。

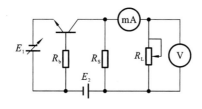

图 2-14 实际电源电路

2.3.7 实验步骤和方法

(1) 按图 2-10 所示电路在电路板上接线,电路中的电源电压和各电阻的值可由学生自己选取,也可以参考电路图中的参数取值。

（2）电路接线完成后,再接通电源,注意将直流稳压电源设置成稳压方式。可调电阻由大到小调节。用电压表和电流表测量其电压和电流,将数据填入表 2-9 中。

（3）按图 2-11 所示电路在电路板上接线,电路中的电源电压和各电阻的值可由学生自己选取,也可以参考电路图中的参数取值。

（4）电路接线完成后,再接通电源,注意将直流稳压电源设置成稳压方式。可调电阻由大到小调节。用电压表和电流表测量其电压和电流,将数据填入表 2-10 中。

（5）按图 2-12 所示电路在电路板上接线,电路中的电源电流和各电阻的值可由学生自己选取,也可以参考电路图中的参数取值。

（6）电路接线完成后,再接通电源,注意将直流稳压电源设置成稳流方式。可调电阻由大到小调节。用电压表和电流表测量其电压和电流,将数据填入表 2-11 中。

（7）按图 2-13 所示电路在电路板上接线,电路中的电流和内电阻的值应与图 2-11 所示的电路等效。可以参考电路图中的参数取值。

（8）电路接线完后,再接通电源,注意将直流稳压电源设置成稳流方式。可调电阻由大到小调节。用电压表和电流表测量其电压和电流,将数据填入表 2-12 中。所测量的数据应与表 2-10 中的数据相同。

2.3.8　实验注意事项

（1）在实验室取得电阻后应用万用表测量其阻值。

（2）每个学生连接的电路中的电阻值可能选得不一样,但得到的实验结论应是相同的。

（3）实验前应对所有电路进行理论计算,以便与测量结果进行比较并适当选用仪表的量程。

（4）可调电阻的调节应从大到小。

（5）电路接线完成并经检查无误后才可接通电源;改接或拆线时应先断开电源。

2.3.9　思考题

（1）电压源输出端不允许_____,原因在于_____。

（2）电流源输出端不允许_____,原因在于_____。

（3）实际电压源与实际电流源的外特性呈下降趋势,下降的快慢受_____影响。

2.3.10　实验报告要求

（1）画出实验原理电路图,标上参数。

（2）简述实验内容和步骤,根据实验测量的数据画出 4 种伏安关系曲线图。

（3）写出实验结论。

（4）进行测量误差分析。

（5）写出心得体会。

2.4 电阻衰减器的设计

2.4.1 实验目的

（1）了解电阻衰减器的实际意义,掌握几种电阻衰减器的设计方法。

（2）加深对平衡电桥电路的理解,加深对电阻的 Y 形连接和△形连接的等效变换的理解。

（3）进一步理解电路输入与输出的关系、输入电阻的概念。

2.4.2 实验仪器及元器件

（1）可调直流稳压电源,1 台;

（2）数字万用表,1 块;

（3）电阻元件,若干;

（4）电路板,1 块。

2.4.3 预习要求

（1）电阻衰减器的概念,电路中的各种计算公式的证明。

（2）什么是桥式电路? 平衡电桥有什么特点?

（3）电阻衰减器中各个电阻值的理论计算,功率的计算。

（4）明确实验要达到的目的、实验内容以及步骤和方法。

2.4.4 实验原理

1. 固定式电阻衰减器

电阻网络有时用作音量控制电路,此时其也被称作电阻衰减器。典型的固定式电阻衰减器电路如图 2-15 所示。在设计固定式电阻衰减器时,电路设计者要选择 R_1 和 R_2 的值。而 U_o/U_i 的值和从输入电压源看进去的电阻 R_{AB} 都是固定值。

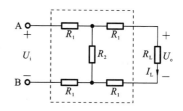

图 2-15　固定式电阻衰减器电路

（1）如果 $R_{AB}=R_L$,证明

$$R_L^2 = 4R_1(R_1+R_2) \tag{2-9}$$

$$\frac{U_o}{U_i} = \frac{R_2}{2R_1+R_2+R_L} \tag{2-10}$$

证明:由于 $R_{AB}=R_L$,有

$$2R_1 + \frac{R_2(2R_1+R_L)}{2R_1+R_2+R_L} = R_L$$

$$R_2(2R_1+R_L) = (R_L-2R_1)(2R_1+R_2+R_L)$$

将上式展开,得

$$2R_1R_2 + R_2R_L = 2R_1R_L + R_2R_L + R_L^2 - 4R_1^2 - 2R_1R_2 - 2R_1R_L$$

整理,得

$$R_\mathrm{L}^2 = 4R_1R_2 + 4R_1^2 = 4R_1(R_1 + R_2)$$

又因电路的等效电阻 $R_\mathrm{AB} = R_\mathrm{L}$,则总电流为

$$I = \frac{U_\mathrm{i}}{R_\mathrm{AB}} = \frac{U_\mathrm{i}}{R_\mathrm{L}}$$

负载中的电流为

$$I_\mathrm{L} = \frac{R_2}{2R_1 + R_2 + R_\mathrm{L}} I = \frac{R_2}{2R_1 + R_2 + R_\mathrm{L}} \times \frac{U_\mathrm{i}}{R_\mathrm{L}}$$

输出电压为

$$U_\mathrm{o} = R_\mathrm{L} I_\mathrm{L} = \frac{R_2}{2R_1 + R_2 + R_\mathrm{L}} U_\mathrm{i}$$

即

$$\frac{U_\mathrm{o}}{U_\mathrm{i}} = \frac{R_2}{2R_1 + R_2 + R_\mathrm{L}}$$

(2) 选择 R_1 和 R_2 的值,使得 $R_\mathrm{AB} = R_\mathrm{L} = 600\ \Omega$,而且 $U_\mathrm{o}/U_\mathrm{i} = 0.6$。

将 $R_\mathrm{AB} = R_\mathrm{L} = 600\ \Omega$ 代入式(2-9),得

$$600^2 = 4R_1(R_1 + R_2) \tag{2-11}$$

因为

$$U_\mathrm{o} = \frac{R_\mathrm{L} - 2R_1}{R_\mathrm{L}} U_\mathrm{i} \times \frac{R_\mathrm{L}}{2R_1 + R_\mathrm{L}}$$

所以, $\dfrac{U_\mathrm{o}}{U_\mathrm{i}} = \dfrac{R_\mathrm{L} - 2R_1}{2R_1 + R_\mathrm{L}} = 0.6$,可得

$$600 - 2R_1 = 0.6(2R_1 + 600)$$

解得, $R_1 = 75\ \Omega$。代入式(2-11),得

$$600^2 = 4 \times 75(75 + R_2)$$

所以,有

$$R_2 = \left(\frac{600 \times 600}{300} - 75 \right)\ \Omega = 1125\ \Omega$$

2. T 形桥式电阻衰减器

图 2-16 所示的是 T 形桥式电阻衰减器电路。

(1) 使用电阻的 Y 形连接和△形连接的等效变换证明:如果 $R = R_\mathrm{L}$,则 $R_\mathrm{AB} = R_\mathrm{L}$。

(2) 证明:当 $R = R_\mathrm{L}$ 时,电压比 $u_\mathrm{o}/u_\mathrm{i} = 0.5$。

证明:(1) 将电阻的△形连接等效变换为 Y 形连接,如图 2-17 所示,输入的等效电阻为

$$R_\mathrm{AB} = \frac{R}{3} + \frac{4}{3}R // \frac{4}{3}R = R = R_\mathrm{L}$$

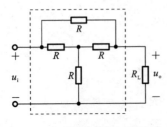

图 2-16　T 形桥式电阻衰减器

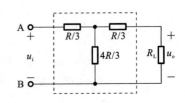

图 2-17　等效电路

（2）电压比为

$$u_\text{o}=\frac{2/3}{1/3+2/3}u_\text{i}\times\frac{1}{1+1/3}=0.5u_\text{i}$$

因此，$u_\text{o}/u_\text{i}=0.5$。

实际上这是一个平衡电桥，用平衡电桥的分析方法同样可以得出以上结果。

2.4.5 基础性实验任务及要求

1. 设计固定式电阻衰减器

设计如图 2-15 所示的固定式电阻衰减器，选择 R_1 和 R_2 的值，使得 $R_{AB}=R_L=$ 1 kΩ，计算出 $R_1=$_____；$R_2=$_____。将理论计算值与实际测量值填入表 2-13 中。

表 2-13　固定式电阻衰减器理论计算值和实际测量值

项　目	R_{AB}	U_i	U_o	P_1(左 R_1)	P_2(中 R_2)	P_3(右 R_1)
理论计算值	1 kΩ					
实际测量值						

注：P_1(左 R_1)为衰减器左边一个 R_1 消耗的功率，其他以此类推。

2. 设计 T 形桥式电阻衰减器

T 形桥式电阻衰减器的电路如图 2-18 所示，电路设计方程是

$$R_2=\frac{2RR_L^2}{3R^2-R_L^2}$$

$$\frac{u_\text{o}}{u_\text{i}}=\frac{3R-R_L}{3R+R_L}$$

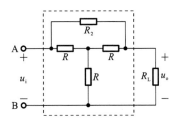

图 2-18　设计 T 形桥式电阻衰减器

（1）当 $R_L=600$ Ω、$\dfrac{u_\text{o}}{u_\text{i}}=\dfrac{1}{3.5}$ 时，计算出 $R=$
_____；$R_2=$_____，并填入表 2-14。

表 2-14　T 形桥式电阻衰减器理论计算值和实际测量值($u_\text{i}=3.5u_\text{o}$)

项　目	R_{AB}	u_i	u_o	P_1 (左 R)	P_2 (中 R_2)	P_3 (右 R)	P_4 (下 R)
理论计算值	600 Ω						
实际测量值							

（2）当 $R_L=600$ Ω、$\dfrac{u_\text{o}}{u_\text{i}}=\dfrac{1}{3}$ 时，计算出 $R=$_____；$R_2=$_____，并填入表 2-15。

表 2-15　T 形桥式电阻衰减器理论计算值和实际测量值($u_\text{i}=3u_\text{o}$)

项　目	R_{AB}	u_i	u_o	P_1 (左 R)	P_2 (中 R_2)	P_3 (右 R)	P_4 (下 R)
理论计算值	600 Ω						
实际测量值							

（3）当 $R_L=600$ Ω、$\dfrac{u_\text{o}}{u_\text{i}}=\dfrac{1}{2}$ 时，计算出 $R=$_____；$R_2=$_____，并填入表 2-16。

表 2-16　T 形桥式电阻衰减器理论计算值和实际测量值($u_i = 2u_o$)

项　目	R_{AB}	u_i	u_o	P_1 （左 R）	P_2 （中 R_2）	P_3 （右 R）	P_4 （下 R）
理论计算值	600 Ω						
实际测量值							

2.4.6　扩展实验

按图 2-15 及图 2-18 连接电路，自行设定 R_{AB} 后进行测试，并与理论计算值比较。

2.4.7　实验步骤和方法

1. 实验内容 1 的步骤

（1）设计如图 2-15 所示的固定式电阻衰减器时，先计算出 R_1 和 R_2 的值。

（2）按图 2-15 所示电路在电路板上接线，再用数字万用表测量输入电阻 R_{AB}。比较测量结果与理论计算值。

（3）接通电源，电源电压的值可由学生自己选取，可选取 9 V、12 V 等，测量输出电压是否衰减了 $\frac{1}{3}$。

（4）再测量衰减器中电阻的功率。

2. 实验内容 2 的步骤

（1）设计如图 2-18 所示的 T 形桥式电阻衰减器时，先计算出 $\frac{u_o}{u_i} = \frac{1}{3.5}$、$\frac{1}{3}$、$\frac{1}{2}$ 时的 R 和 R_2 的值。

对每一电压比值所计算出的 R 和 R_2 的值都要进行以下检验。

（2）按图 2-18 所示电路在电路板上接线，再用数字万用表测量输入电阻 R_{AB}。比较测量结果与理论计算值。

（3）接通电源，电源电压的值可由学生自己选取，可选取 14 V、15 V 等，测量输出电压是否衰减了 $\frac{1}{3.5}$、$\frac{1}{3}$、$\frac{1}{2}$。

（4）再测量衰减器中每一个电阻的功率。

2.4.8　实验注意事项

（1）在实验室取得电阻后，应用万用表测量其阻值。

（2）每个学生连接的电路中的电源电压值可能选得不一样，但得到的实验结论应是相同的。

（3）实验前应对所有电路进行理论计算，以便与测量结果进行比较并适当选用仪表的量程。

（4）电路接线完成并经检查无误后才可接通电源；改接或拆线时应先断开电源。

2.4.9　思考题

（1）T 形桥式电阻衰减器电路在什么情况下是平衡的？

（2）T形桥式电阻衰减器中,哪个电阻消耗的功率最大？哪个电阻消耗的功率最小？

2.4.10 实验报告要求

（1）画出实验原理电路图,标上参数。
（2）写出实验内容和步骤、各种理论计算值及实验测得的数据。
（3）写出实验结论。
（4）进行测量误差分析。
（5）写出心得体会。

2.5 齐性原理、叠加定理和互易定理的验证

2.5.1 实验目的

（1）加深理解线性电路的线性性质,验证齐性原理。
（2）加深对叠加定理的理解,验证叠加定理的正确性。
（3）验证叠加定理不适用于非线性电路,也不适用于功率计算。
（4）加深对互易定理的理解,验证互易定理的正确性。

2.5.2 实验仪器及元器件

（1）可调直流稳压电源,1台；
（2）数字万用表,1块；
（3）电阻元件,若干；
（4）电路板,1块；
（5）二极管,1个。

2.5.3 预习要求

（1）了解什么是齐性原理、叠加定理和互易定理,以及它们的适用范围。
（2）$U_{S1}=15$ V, $U_{S2}=10$ V, $R_1-R_3=1$ kΩ, $R_2=R_4=2$ kΩ, $R_5=5$ kΩ, $R_6=3$ kΩ 时,进行实验电路的理论计算。
（3）明确实验要达到的目的、实验内容以及步骤和方法。

2.5.4 实验原理

1. 线性电路的线性性质
线性性质是线性电路的最基本的属性,包括齐次性和可加性。
输入（也称激励）乘以常数时,输出（也称响应）也乘以相同的常数,这就是线性电路的齐次性,也称为齐性原理。线性电路的响应与激励成线性关系,即激励扩大 k 倍,则响应也扩大 k 倍。
为了说明线性性质的原理,考虑图 2-19 所示电路。线性电路内含有除独立源之外的其他线性元件和受控源。电压源 U_S 为激励,电流 I 为响应。设当 $U_S=10$ V 时, $I=$

图 2-19 线性电路的线性性质

2 A;根据线性性质,当 $U_s=1$ V 时,$I=0.2$ A。反过来也一样,如果 $I=1$ mA,必定有 $U_s=5$ mV,也就是说,线性电路结构和参数确定后,响应和激励的关系是一个常数,即比值 $I/U_s=H$,H 为常数。

2. 叠加定理

叠加定理只适用于线性系统,它是解决许多工程问题的基础,也是分析线性电路的常用方法之一。

在线性电路中,如果有多个独立源同时作用,根据可加性,它们在任意支路中产生的电流(或电压)等于各个独立源单独作用时在该支路所产生的电流(或电压)的代数和。这一论述就是我们所说的叠加定理。

在某独立源单独作用于电路时,其他独立源应当置零。也就是说,对电压源而言,令其源电压 $U_s=0$,相当于"短路";对电流源而言,令其源电流 $I_s=0$,相当于"开路"。对各独立源单独作用产生的响应(支路电流或电压)求代数和时,要注意到单电源作用时的支路电流或电压方向是否与原电路中的一致。一致,则此项前取"+"号;反之取"-"号。

叠加定理只能用于计算电压或电流,功率计算一般不满足叠加性。因为功率与电压或电流之间不呈线性关系,所以电路中所有独立电源同时作用时对某元件提供的功率,并不等于每个独立源单独作用时对该元件提供的功率的叠加。例如,对一个电阻元件,电流 i 为激励,当激励为 i_1 或 i_2 时,其功率分别是

$$P_1=Ri_1^2, \quad P_2=Ri_2^2$$

当激励为 i_1+i_2 时,则有

$$P=R\ (i_1+i_2)^2=Ri_1^2+Ri_2^2+2Ri_1i_2 \neq P_1+P_2$$

因此,计算功率时,可先用叠加定理求出总电流或总电压,然后再由总电流或总电压来计算功率。

3. 互易定理

互易定理是线性电路的一个重要性质。所谓互易,是指对于线性电路,当只有一个激励源(一般不含受控源)时,激励与其在另一支路中的响应可以等值地相互交换位置。互易定理有三种基本形式,如图 2-20 所示的线性电路是互易定理的形式之一,在一个独立电压源的激励下,当此激励在 m 支路作用时,对 n 支路引起的电流响应 I_n,等于此激励移至 n 支路后,对 m 支路引起的电流响应 I_m',即 $I_n=I_m'$。

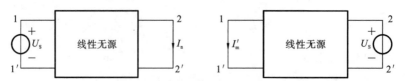

图 2-20 互易定理示意图

2.5.5 基础性实验任务及要求

1. 验证叠加定理及齐性原理

验证线性电路叠加定理及齐性原理,实验线路如图 2-21 所示。

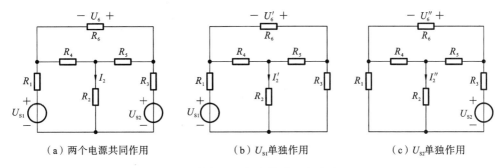

（a）两个电源共同作用　　　　（b）U_{S1}单独作用　　　　（c）U_{S2}单独作用

图 2-21　叠加定理与齐性原理实验原理图

图 2-21(a)所示的为 U_{S1}、U_{S2} 共同作用时的实验电路,图 2-21(b)所示的为 U_{S1} 单独作用时的实验电路,图 2-21(c)所示的为 U_{S2} 单独作用时的实验电路。电路中各电阻值自选(注意电阻值为千欧左右);电源电压 $U_{S1}=15$ V, $U_{S2}=10$ V,电流 I_2 和电压 U_6 的参考方向如图 2-21 所示。测量并记录 R_2 支路电流 I_2 和 R_6 两端电压 U_6,并验证叠加定理。在图 2-21(c)中,将 U_{S2} 增加一倍(或减少一倍),用来验证线性电路的齐次性。将测量数据填入表 2-17。

表 2-17　验证叠加定理与齐性原理的测量数据

实验内容	实际测量值			理论计算值		
	U_6/V	I_2/mA	P_{R2}	U_6/V	I_2/mA	P_{R2}
U_{S1} 单独作用						
U_{S2} 单独作用						
U_{S1}、U_{S2} 共同作用						
$2U_{S2}$ 单独作用						

2. 验证互易定理

验证互易定理的实验线路如图 2-22 所示。

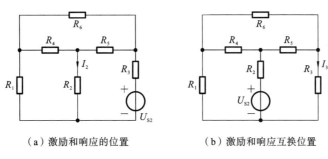

（a）激励和响应的位置　　　　（b）激励和响应互换位置

图 2-22　互易定理实验原理图

电路如图 2-22(a)所示,激励源 $U_{S2}=10$ V,接在 R_3 支路中,测量其在 R_2 支路中的电流响应 I_2;电路图 2-22(b)所示,将激励源 $U_{S2}=10$ V 移至 R_2 支路,测量 R_3 支路的电流响应 I_3。将测量数据填入表 2-18 中。分析测量结果,并验证互易定理。

表 2-18　验证互易定理的测量数据

实验内容	实际测量值		理论计算值	
	I_2/mA	I_3/mA	$I_2/(\text{mA}$	I_3/mA
U_{S2} 作用于 R_3 支路				
U_{S2} 作用于 R_2 支路				

2.5.6　扩展实验

电路如图 2-23 所示,将图 2-21(a)中的 R_4 换成二极管,再让两个电源单独作用,将测量数据填入表 2-19 中,通过实验得到结论。

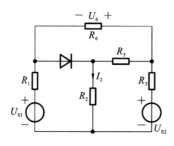

图 2-23　实验原理图

表 2-19　验证非线性电路叠加定理与齐性原理的测量数据

实验内容	实际测量值			理论计算值		
	U_6/V	I_2/mA	P_{R2}	U_6/V	I_2/mA	P_{R2}
U_{S1} 单独作用						
U_{S2} 单独作用						
U_{S1}、U_{S2} 共同作用						
$2U_{S2}$ 单独作用						

2.5.7　实验步骤和方法

1. 实验内容 1 的步骤

(1) 对如图 2-21 所示的实验电路,先自行选取电阻值,电阻值选 kΩ 级别的值,以免电路中的电流过大。

(2) 按图 2-21(a)所示电路在电路板上接线,再用数字万用表测量电路的响应,比较测量结果与理论值。

(3) 在图 2-21(a)所示电路中,断开电源 U_{S2},在电路板上用短路线替代,再测量响应,如图 2-21(b)所示。

(4) 在图 2-21(a)所示电路中,断开电源 U_{S1},在电路板上用短路线替代,再测量响应,如图 2-21(c)所示。

2. 实验内容 2 的步骤

(1) 按图 2-22(a)所示电路在电路板上接线,接通电源,再用数字万用表测量电路的响应,比较测量结果与理论值。

(2) 按图 2-22(b)所示电路在电路板上接线,接通电源,再用数字万用表测量电路的响应,比较测量结果与理论值。

(3) 电源电压的值可由学生自己选取。

3. 实验内容 3 的步骤

将图 2-21(a)所示电路中的 R_4 换成二极管,重复实验内容 1 的步骤。

2.5.8　实验注意事项

(1) 在实验室取得电阻后,应用万用表测量其阻值。

(2) 每个学生连接的电路中的电源电压值和电阻值可能选择不一样,但得到的实验结论应是相同的。

(3) 实验前应对所有电路进行理论计算,以便与测量结果比较并适当选用仪表的量程。

(4) 用电压表测量电压时,应注意仪表的极性,正确判断测得值的＋、一号后,记入数据表格。用电流表测量电流时,应将电流表串联于该支路中,注意仪表的极性。

(5) 电压源为零时,即短路。这时千万不要直接将直流稳压电源短路,应先断开电源后,再在电路板上用导线短接。

(6) 电路接线完成并经检查无误后才可接通电源;改接或拆线时应先断开电源。

2.5.9　思考题

(1) 在验证叠加定理的实验中,要令 U_{S1}、U_{S2} 分别单独作用,应如何操作? 可否直接将直流稳压电源(U_{S1} 或 U_{S2})短接置零?

(2) 叠加定理只适合于线性电路中的_____计算,不能用来进行_____计算,因为_____。

2.5.10　实验报告要求

(1) 画出实验原理电路图,标上参数。

(2) 写出实验内容和步骤、各种理论计算值及实验测得的数据。

(3) 写出实验结论。

(4) 进行测量误差分析。

(5) 写出心得体会。

2.6　戴维南定理的研究

2.6.1　实验目的

(1) 加深对戴维南定理的理解,验证戴维南定理的正确性。

(2) 掌握线性有源二端网络等效参数测量的一般方法。

(3) 研究线性有源二端网络的最大输出条件。

2.6.2 实验仪器及元器件

（1）可调直流稳压电源，1 台；

（2）数字万用表，1 块；

（3）电阻元件，若干；

（4）电路板，1 块；

（5）10 kΩ 可调电阻，2 个。

2.6.3 预习要求

（1）了解什么是戴维南定理，何谓"等效"。

（2）了解实际电压源内阻对端电压的影响。

（3）当 $U_S=12$ V，$R_1=2$ kΩ，$R_2=5$ kΩ，$R_3=3$ kΩ 时，计算理论值，拟订测量方案。

2.6.4 实验原理

1. 有源二端网络的外特性

任何一个二端元件的特性都可用该元件上的端电压 U 与通过该元件的电流 I 之间的函数关系 $I=f(U)$ 来表示，即可用 I-U 平面上的一条曲线来表示，这条曲线称为元件的伏安特性曲线。

有源二端网络的外特性，可以用一个实际的电压源模型的外特性来代替，如图 2-24 所示。其伏安关系为

$$U=U_S-R_S I$$

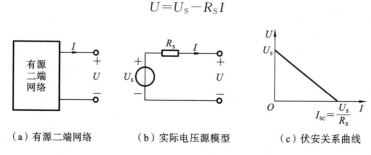

（a）有源二端网络　　　　（b）实际电压源模型　　　　（c）伏安关系曲线

图 2-24　有源二端网络的外特性

2. 戴维南定理

对于任何一个线性含源网络，如果仅研究其一条支路的电压和电流，则可将电路的其余部分看作是一个有源二端网络。

戴维南定理：线性含源二端网络可以用由一个电压源 U_{Th} 与一个电阻 R_{Th} 串联的等效电路替换。其中，U_{Th} 是端口的开路电压 U_{OC}，R_{Th} 是令独立源为零后端口的等效电阻 R_0。

3. 戴维南等效参数的测量

$U_{OC}(U_{Th})$ 和 $R_0(R_{Th})$ 称为有源二端网络的等效参数。开路电压的测量比较容易，直接用电压表测量开路时的电压就可以了。测量等效电阻 R_0 的方法主要有两种。

（1）伏安关系法测量。

将一个含源二端网络按如图 2-26 所示电路连接，外接负载为可调电阻 R_L，R_L 的

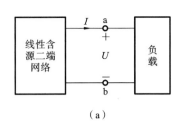 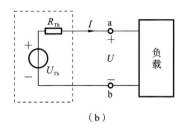

（a）　　　　　　　　　　（b）

图 2-25　戴维南定理

范围为 $0\sim\infty$，分别测得不同电阻值下的电流、电压，即可测得上述有源二端网络的外特性，如图 2-27 所示。其中，二端网络的内阻为

$$R_0 = \tan\phi = \frac{\Delta U}{\Delta I} = \frac{U_{OC}}{I_{SC}}$$

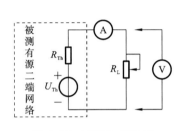 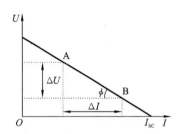

图 2-26　有源二端网络　　　　　**图 2-27　伏安特性曲线**

也可以先测量开路电压 U_{OC}，再测量电流为额定值 I_N 时的输出端电压值 U_N，则内阻为

$$R_0 = \frac{U_{OC} - U_N}{I_N}$$

（2）半电压法测量。

如图 2-26 所示，当负载电压为被测网络开路电压的一半时，负载电阻（由电阻的读数确定）即为被测有源二端网络的等效内阻值。

2.6.5　基础性实验任务及要求

（1）按图 2-28 构成一有源二端网络，从 ab 端外接电流表和可调电阻 R_L，通过调节 R_L 来测定电路的伏安特性，画出伏安特性曲线。实验中有源二端网络的构成为

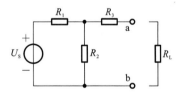

图 2-28　有源二端网络

$$U_S = 12\ V,\quad R_1 = 2\ k\Omega,\quad R_2 = 5\ k\Omega,\quad R_3 = 3\ k\Omega$$

学生也可自行选择电阻值。将测出的数据填入表 2-20 中。

表 2-20　二端网络测量电压和电流数据

U/V					
I/mA					

由表 2-20 中的数据计算开路电压、短路电流、等效电阻填入表 2-21 中，并与理论计算值进行比较。

表 2-21　戴维南定理实验数据

项　　目	开路电压 U_{OC}/V	短路电流 I_S/mA	等效电阻 $R_0/k\Omega$
实际测量值			
理论计算值			

（2）由所测有源二端网络的等效参数，构造一个戴维南等效电路，如图 2-29 所示，再确定其等效电路的外特性，将测出的数据填入表 2-22 中。

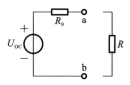

图 2-29　戴维南等效电路

表 2-22　戴维南等效电路测量电压和电流数据

U/V					
I/mA					

2.6.6　扩展实验

验证最大功率传输定理。

按图 2-29 所示方式连接电路，将测量数据填入表 2-23 中，将实际测量值与理论计算值进行比较，并分析误差。

表 2-23　最大功率传输数据记录

R	U_R/V		I_R/mA		负载功率 P/W			电源功率 P_S/W		电源效率 $\eta/(\%)$	
	理论计算值	实际测量值	理论计算值	实际测量值	理论计算值	实际测量值	误差	理论计算值	实际测量值	理论计算值	实际测量值
R_0											

2.6.7　实验步骤和方法

（1）按图 2-28 所示的电路或自选电路、电阻值，计算出有源二端电路的理论开路电压、等效电阻，以便与实验结果比较。

（2）负载实验：接入负载电阻。改变 R 阻值，测量有源二端网络的外特性曲线。

（3）获得有源二端网络的等效参数。

① 开路电压 U_{OC} 可用万用表测得，也可从伏安特性曲线中得出。

② 等效电阻 R_0 可用以下四种方法获得：

A．从伏安特性中得出 $R_0 = \tan\phi = \dfrac{\Delta U}{\Delta I}$。

B. 用开路电路得出 $R_0 = \dfrac{U_{OC} - U_N}{I_N}$。

C. 用半电压法测 R_0。

D. 用万用表测量。有源二端网络等效电阻（又称入端电阻）的直接测量法。将被测有源网络内的所有独立源置零（去掉电流源 I_S 和电压源 U_S，并将原电压源所接的两点用一根短路导线相连），然后用伏安法或直接用万用表的欧姆挡去测定负载 R 开路时 a、b 两点间的电阻，此即为被测网络的等效内阻 R_0，或称网络的入端电阻 R_i。

（4）验证戴维南定理：用电阻构成等效电阻，接步骤（3）所得的等效电阻 R_0 之值，然后令其与直流稳压电源（调到通过步骤（3）测得的开路电压 U_{OC} 值）串联，如图 2-29 所示，仿照步骤（2）测其外特性，对戴维南定理进行验证。

2.6.8　实验注意事项

（1）在实验室取得电阻后，应用万用表测量其阻值，电源电压应选择 10 V 左右。

（2）可用以上提供的电路，也可用自行设计的电路。每个学生连接的电路中的电阻值可能选得不一样，但得到的实验结论应是相同的。

（3）实验前应对所实验的电路进行理论计算，特别是等效电阻的计算，以便在构成戴维南等效电路时选用实验室可用的电阻。

（4）进行不同实验时，应先估算电压和电流值，合理选择仪表的量程，勿使仪表超过量程，仪表的极性亦不可接错。

（5）用万用表直接测量内阻 R_0 时，电压源置零时不可将稳压源短接。应将电源切断后，在电路板的两点用导线短接。

（6）电路接线完成并经检查无误后才可接通电源；改接或拆线时应先断开电源。

2.6.9　思考题

（1）在本实验中可否直接作负载短路实验？

（2）说明测量有源二端网络开路电压及等效内阻的几种方法，并比较其优缺点。

2.6.10　实验报告要求

（1）画出实验原理电路图，标上参数。

（2）写出实验内容和步骤、各种理论计算值及实验测得的数据。

（3）根据实验数据，在坐标纸上绘出所测伏安特性曲线。

（4）对比前后所测两组数据及所描绘的外特性曲线，分析误差。

（5）写出实验结论。

（6）写出心得体会。

2.7　RC 移相电路的测试

2.7.1　实验目的

（1）掌握移相电路的测试方法。

（2）掌握相位差的测量方法。

（3）加深对"移相"概念的理解，了解移相电路的用途。

2.7.2　实验仪器及元器件

（1）数字式存储示波器，1台；

（2）信号发生器，1块；

（3）数字万用表，1块；

（4）电阻、可调电阻、电容元件，若干；

（5）电路板，1块。

2.7.3　预习要求

（1）了解什么是移相器，什么是相位差。

（2）理解三种移相器的原理和相量图。

（3）进行所有电路的理论计算，特别是容抗的计算，作为选择可调电阻范围的依据。

2.7.4　实验原理

1. RC 移相电路 1

RC 移相电路如图 2-30(a)所示，输出电压 $\dot{U}_\text{o}$ 与输入电压 $\dot{U}_\text{i}$ 之间的相位差 θ 随可调电阻 R_L 的改变而变化。当可调电阻 R_L 由 0 变到 ∞ 时，移相电路输入电压 $\dot{U}_\text{i}$ 与输出电压 $\dot{U}_\text{o}$ 的移相范围和特点可以用相量图来说明。

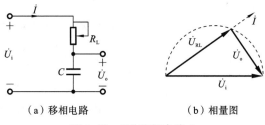

（a）移相电路　　　　　　　（b）相量图

图 2-30　RC 移相电路 1

相量图画法如下。为了叙述方便，以输入电压 $\dot{U}_\text{i}$ 为参考相量。由于是 RC 支路，电流相量 $\dot{I}$ 超前 $\dot{U}_\text{i}$。电阻上的电压 $\dot{U}_\text{RL}$ 与 $\dot{I}$ 同相，电容电压 $\dot{U}_\text{o}$ 比 $\dot{I}$ 滞后 90°。又根据 KVL 定律，电压方程为 $\dot{U}_\text{i}＝\dot{U}_\text{RL}＋\dot{U}_\text{o}$，显然，这三个电压构成电压三角形，如图 2-30(b)所示。当 R_L 改变时，$\dot{U}_\text{RL}$ 和 $\dot{U}_\text{o}$ 就要变化，但三个电压始终保持直角三角形。由几何关系可知，随 R_L 的变化，直角三角形顶点的轨迹是个半圆。

当 $R_\text{L} \rightarrow 0$ 时，$\dot{U}_\text{o}$ 与 $\dot{U}_\text{i}$ 趋于同相；当 $R_\text{L} \rightarrow \infty$ 时，$\dot{U}_\text{o}$ 比 $\dot{U}_\text{i}$ 滞后趋于 90°。所以，$\dot{U}_\text{o}$ 和 $\dot{U}_\text{i}$ 的移相范围是 0°～90°，并且 $\dot{U}_\text{o}$ 比 $\dot{U}_\text{i}$ 滞后。另外，输出电压 $\dot{U}_\text{o}$ 的幅值将由大变小。

2. RC 移相电路 2

第二种 RC 移相电路如图 2-31(a)所示，常用于可控硅触发电路中。当 R_L 由 $0 \rightarrow \infty$，移相电路输入电压 $\dot{U}_\text{i}$ 与输出电压 $\dot{U}_\text{o}$ 的移相范围和特点可以用相量图来说明。

相量图的画法基本上与 RC 移相电路 1 的相同，只是多了一条电阻支路。它由两

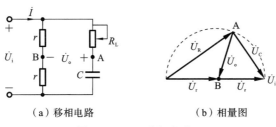

（a）移相电路　　　　　　（b）相量图

图 2-31　RC 移相电路 2

个相同的电阻 r 串联,因此,点 B 必是输入电压 $\dot{U}_i$ 的中点。显然点 A 是三角形的顶点,于是输出电压的相量就是从 A 到 B 的相量。如图 2-31(b)所示。

当 $R_L \to 0$ 时,$\dot{U}_o$ 与 $\dot{U}_i$ 趋于同相;当 $R_L \to \infty$ 时,$\dot{U}_i$ 比 $\dot{U}_o$ 超前趋于 180°。所以,$\dot{U}_o$ 和 $\dot{U}_i$ 的移相范围是 0°～180°,并且 $\dot{U}_i$ 比 $\dot{U}_o$ 超前。另外,输出电压 $\dot{U}_o$ 的幅值为半径,即输出电压 U_o 始终是输入电压 U_i 的一半。

3. RC 移相电路 3

第三种 RC 移相电路如图 2-32(a)所示,常用于雷达指示器电路中。当可调电阻 $R_{L1} = R_{L2} = \dfrac{1}{\omega C}$ 时,各点到地(参考点)的电位 $\dot{U}_1$、$\dot{U}_2$、$\dot{U}_3$、$\dot{U}_4$ 的有效值相等,依次相差 90°,可以用相量图来说明。

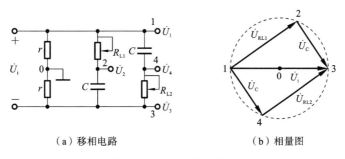

（a）移相电路　　　　　　（b）相量图

图 2-32　RC 移相电路 3

相量图的画法基本上与 RC 移相电路 2 的相同,只不过多了一条 RC 支路。由于两个相同的电阻 r 串联,因此,点 0 必是输入电压 $\dot{U}_i$ 的中点。显然点 2 是上三角形的顶点,点 4 是下三角形的顶点,如图 2-32(b)所示。

当 R_{L1} 变化为 $R_{L1} = \dfrac{1}{\omega C}$ 时,点 2 到点 0 的电位 $\dot{U}_2$ 将与 $\dot{U}_i$ 垂直。当 R_{L2} 变化为 $R_{L2} = \dfrac{1}{\omega C}$ 时,点 4 到点 0 的电位 $\dot{U}_4$ 将与 $\dot{U}_i$ 垂直。这样,点 1、2、3、4 分别到点 0 的电位 $\dot{U}_1$、$\dot{U}_2$、$\dot{U}_3$、$\dot{U}_4$ 依次相差 90°,并且有效值均为半径,即有效值相同,是输入电压 U_i 的一半。

2.7.5　基础性实验任务及要求

1. RC 移相电路 1 的测试

按图 2-30 所示的 RC 移相电路 1 接线,调节电阻 R_L(从小到大),用示波器观察 u_i 和 u_o 的波形。测出 u_i 和 u_o 的相位差以及 u_i、u_R 和 u_o 的最大值,填入表 2-24 中;验证移相范围和电压三角形。

表 2-24　RC 移相电路 1 的测试数据

电阻 R_L 的值/Ω					
R_L 的电压 U_{Rm}/V					
C 的电压 U_{om}/V					
u_i 和 u_o 的相位差/V					
电源电压 U_{im}	5 V	频率	Hz	电容	μF

2. RC 移相电路 2 的测试

按图 2-31 所示的 RC 移相电路 2 接线,调节电阻 R_L(从小到大),用示波器观察 u_i 和 u_o 的波形。测出 u_i 和 u_o 的相位差以及 u_o 的最大值,填入表 2-25 中;验证移相范围和 u_o 的大小不变。

表 2-25　RC 移相电路 2 的测试数据

电阻 R_L 的值/Ω					
u_i 和 u_o 的相位差/V					
输出电压 U_{om}/V					
电源电压 U_{im}	5 V	频率	Hz	电容	μF

2.7.6　扩展实验

RC 移相电路 3 的测试

按图 2-32 所示的 RC 移相电路 3 接线,调节电阻 R_{L1} 和 R_{L2}(从小到大),用示波器观察电位 u_1 至 u_4 的波形。依次测出电位 $\dot{U}_1 \sim \dot{U}_4$ 的相位差以及最大值。验证当 $R_{L1} = R_{L2} = \dfrac{1}{\omega C}$ 时,电位 $\dot{U}_1$、$\dot{U}_2$、$\dot{U}_3$、$\dot{U}_4$ 依次相差 90°,并且它们的有效值是输入电压 U_i 的一半。

2.7.7　实验步骤和方法

1. 实验内容 1

(1) 按图 2-30 所示电路在电路板上接线,电路中的电源频率、电阻的值和电容的值可由学生自己选取。电源频率不要太高,为几百赫兹即可。

(2) 电路接线完成后,激励为信号发生器,用示波器观察 u_i 和 u_o 的波形。

(3) 调节 R_L 时,测量出 u_i 和 u_o 的相位差以及 u_i、u_{RL} 和 u_o 的最大值,也可用数字万用表测量各电压的有效值,将测量数据填入表 2-24 中。

(4) 这项实验的目的有两个,一是通过改变可调电阻 R_L 的阻值来观察 u_i 和 u_o 的相位差;二是验证电压三角形的关系。

2. 实验内容 2

(1) 按图 2-31 所示电路在电路板上接线,实验方法与实验内容 1 的相同,这里只是多了一条电阻支路。

(2) 在测量时,用示波器观察 u_i 和 u_o 的波形,应注意选好公共接地点。

（3）调节 R_L 时，将测量数据填入表 2-25 中。

（4）这项实验的目的是通过改变电阻 R_L 的值来观察 u_i 和 u_o 的相位差，验证移相电路能实现相位变化较大且输出电压的大小不变。

3. 扩展实验

（1）按图 2-32 所示电路在电路板上接线，实验方法与实验内容 2 的相同。

（2）分别调节 R_{L1} 和 R_{L2}，使电位 $\dot{U}_1$、$\dot{U}_2$、$\dot{U}_3$、$\dot{U}_4$ 依次相差 $90°$。每两个波形间依次进行比较，并记下它们的波形。

（3）测量这时的电阻 R_{L1} 和 R_{L2} 的值，以便验证 $R_{L1} = R_{L2} = \dfrac{1}{\omega C}$。

（4）这项实验的目的是通过改变电阻 R_{L1} 和 R_{L2} 的值来观察四个电压的相位差，验证移相 $90°$ 后参数之间的关系，说明改变可调电阻值后输出电压的大小不变且是电源电压的一半。

2.7.8　实验注意事项

（1）在实验室取得电阻后，应用万用表测量其阻值；合理选用可调电阻器、电容的值。

（2）每个学生连接的电路中的电阻值和电容值可能选得不一样，但得到的实验结论应是相同的。

（3）实验前应对所有电路进行理论计算，这样才能达到较好的效果。

（4）在测量输出电压与输入电压之间的相位差时，一定要注意公共端的选取。

（5）在测量电压的大小时，可用两种方法，即在示波器上读取最大值和用数字万用表测量有效值。

2.7.9　思考题

（1）RC 支路中，电压、电流哪个超前？

（2）画相量图时，若几条支路并联，一般是以电压还是以电流作为参考相量？

2.7.10　实验报告要求

（1）画出实验原理电路图，标上参数。

（2）写出实验内容和步骤、各种理论计算值及实验测得的数据和波形。

（3）写出实验结论。

（4）进行测量误差分析。

（5）写出心得体会。

2.8　交流电路中元件的等效参数的测量

2.8.1　实验目的

（1）学习交流电压表、交流电流表和功率表的使用方法。

（2）学会用三表法测量元件的交流等效参数的方法。

（3）学会用串、并联电容的方法来判别负载的性质。

（4）学习测量交流电路中元件的伏安关系。

2.8.2 实验设备

（1）交流电压表，1 块；

（2）交流电流表，1 块；

（3）功率表，1 块；

（4）自耦调压器，1 台；

（5）功率为 40W 的白炽灯，若干；

（6）电容器，耐压≥450V，若干；

（7）日光灯配件，1 套。

2.8.3 预习要求

（1）了解正弦交流电路中阻抗的定义、阻抗有哪几种表示形式，以及阻抗的等效模型。

（2）了解什么是感性、容性和阻性电路，如何判别。

（3）在 50 Hz 的交流电路中，在已测得铁心线圈的 P、U 和 I 的前提下，了解计算铁心线圈的电阻值和电感值的方法。

（4）了解用三表法测量参数时，在被测元件两端并联或串联实验电容能否判断元件的性质。用相量图加以说明。

（5）分析采用在被测元件两端并联实验电容以判断元件性质这一方法的适用性。

（6）了解白炽灯的伏安关系测量方法。

2.8.4 实验原理

1. 测量交流电路参数的三表法

我国供电系统采用频率为 50 Hz 的正弦交流电，常称它为工频交流电。由于电路中的感抗、容抗是随频率的变化而变化的，因此在工频交流电路中各电路元件的阻抗就称为交流等效参数。

用交流电压表、电流表和功率表分别测量元件或二端无源网络的端电压 U、流过的电流 I 及消耗的有功功率 P 后，可计算得到元件或无源网络的交流等效参数，这种方法称为三表法。所用的计算式为

$$|Z| = \frac{U}{I},$$

$$\cos\varphi = \frac{P}{UI},$$

$$R = \frac{P}{I^2} = |Z|\cos\varphi,$$

$$X = \sqrt{|Z|^2 - R^2} = |Z|\sin\varphi$$

上述各式中：$|Z|$ 为阻抗的模；$\cos\varphi$ 为功率因数；R 为等效电阻；X 为等效电抗。根据 X，可以计算电感量和电容量的大小。

2. 判断阻抗性质的方法

元件的阻抗可能是感性的,也可能是容性的,但由 U、I、P 的测量值或参数的计算式还无法判断阻抗的性质。实际操作中可采用下述方法决定阻抗的性质。

(1) 在被测元件的两端并联一个实验电容器,若总电流增大,则被测元件为容性;若总电流减小,则为感性。

这种方法的原理和实验电容的计算方法,可以用相量图加以说明。被测阻抗并联电容的电路如图 2-33(a)所示。若被测阻抗是容性的,相量图如图 2-33(b)所示。并联电容后的总电流 i' 比原阻抗中的电流 i 要大。若被测阻抗是感性的,相量图如图 2-33(c)所示,这时所画出的相量图是一种特殊情况,即并联电容后的总电流 i' 与原阻抗中的电流 i 相同。可见,若电容中的电流 i_C 进一步增加,则 i' 比 i 要大;若电容中的电流 i_C 减少,则 i' 比 i 要小。因此,选取适当的电容并联,使总电流变小,才能判断阻抗是感性的。根据相量图可知

$$I_C < 2I\sin\varphi$$

即有

$$I_C < 2\sqrt{I^2 - (I\cos\varphi)^2} = 2\sqrt{I^2 - (P/U)^2}$$

实验电容的值应为

$$C' < \frac{2\sqrt{I^2 - (P/U)^2}}{\omega U}$$

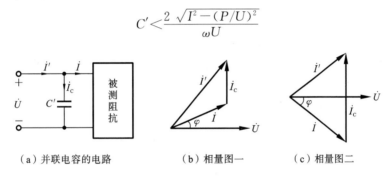

(a) 并联电容的电路　　　　(b) 相量图一　　　　(c) 相量图二

图 2-33　阻抗性质的判断及相量图量

(2) 用并联、串联电容的方法也可以判断阻抗的性质。

给被测阻抗串联一个适当的实验电容,若被测阻抗的端电压下降,则阻抗是容性的;若被测阻抗的端电压上升,则阻抗是感性的。实验电容选取原则为

$$X_C < |2X|$$

即有

$$C' > \frac{1}{2\omega|X|}$$

(3) 用功率因数表测量 $\cos\varphi$ 和阻抗角,若读数超前,则阻抗为容性;若读数滞后,则阻抗为感性。

在本实验中,采用功率因数表测量或并联实验电容的方法来判断被测阻抗的性质。具体做法是将一实验小电容器与被测元件并联,在并联的同时观察电流表的变化趋势。

对交流等效参数的测量,除可采用三表法外,还可采用交流电桥以及数字万用表直接测出。随着数字技术的发展,目前也较多地采用数字式仪器、仪表快速便捷地测量元件参数。

3. 功率表的使用方法

平均功率的测量通常是在频率低于几百赫兹的时候,使用有两个分离线圈的功率

表来进行。功率表的符号如图 2-34(a)、图 2-34(b)所示,其中一个线圈用粗线绕成,是电阻很小的固定线圈,为电流线圈;另一个线圈用很多细线绕成,是电阻较高的可动线圈,为电压线圈。电压线圈和电流线圈上标有"·"或"＊"或"±",称为二个线圈的同名端,是功率表的极性标志。

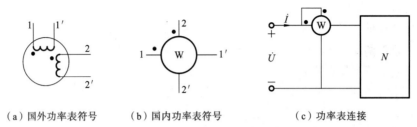

（a）国外功率表符号　　　（b）国内功率表符号　　　（c）功率表连接

图 2-34　平均功率的测量

测量单口网络的功率时,电路连接如图 2-34(c)所示。电流线圈用于测量电流,因而串联在电路中;电压线圈用于测量电压,因而并联在电路中。标有"·"的接法根据电路的参考方向而定。

2.8.5　基础性实验任务及要求

1. 用三表法测量元件的交流等效参数

按图 2-35 所示电路接线,分别用三表法测量 40 W 白炽灯 R、30 W 日光灯镇流器 L 和 4.7 μF 电容器 C(注意电容器的耐压)的等效参数,填入表 2-26 中;再将 RLC 串联和并联后测量的数据填入表 2-26 中。

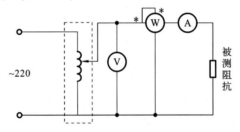

图 2-35　三表法的实验线路

表 2-26　三表法的实验数据

被测元件	实际测量值			理论计算值			
	U/V	I/A	P/W	$\cos\varphi$	$|Z|/\Omega$	R/Ω	X/Ω
40 W 白炽灯 R							
30 W 日光灯镇流器 L							
4.7 μF 电容器 C							
RLC 串联							
RLC 并联							

2. 白炽灯的伏安关系的测量

在图 2-35 中用白炽灯做负载,改变电源电压,将三个表的数据填入表 2-27 中。

表 2-27　白炽灯的伏安关系测量数据

U/V								
I/A								
P/W								

2.8.6　扩展实验

用串联和并联实验电容的方法判别阻抗的性质。

将上述 RLC 元件串联、RLC 元件并联作为被测阻抗,将实验电容 C' 分别与被测阻抗串联和并联来判别阻抗的性质,将测量数据填入表 2-28 中。

表 2-28　串、并联电容法判别阻抗的性质

被测元件	串联实验电容_____μF		并联实验电容_____μF	
	串联前阻抗上电压/V	串联后阻抗上电压/V	并联前总电流/A	并联后总电流/A
RLC 串联				
RLC 并联				
RLC 的值	$R=$	$L=$	$C=$	

2.8.7　实验步骤和方法

1. 实验内容 1

(1) 按图 2-35 所示电路接线,先测量给定的 R、L、C 的交流等效参数,将测量数据填入表 2-26 中。三个表同时测量一次,为了减小误差,三个表再分别测量一次。

(2) 分别将 RLC 串联、并联作为被测元件,将三个表测量的测量数据填于表 2-26 中。

2. 实验内容 2

(1) 按图 2-35 所示电路接线,将白炽灯作为被测阻抗。

(2) 将调压器的电压从 0 开始调节,直至 230 V,测量 U、I、P 并填入表 2-27 中。

3. 扩展实验

(1) 按图 2-35 所示电路接线,将 RLC 串联作为被测阻抗,测量 U、I、P。计算 X,按

$$C' > \frac{1}{2\omega |X|}$$

选取实验电容,将 C' 与被测阻抗串联,测量被测阻抗上的电压,填入表 2-28 中。

若被测阻抗的端电压下降,则阻抗是容性的;若被测阻抗的端电压上升,则阻抗是感性的。

(2) 将 RLC 串联作为被测阻抗,测出 U、I、P,按

$$C' < \frac{2\sqrt{I^2 - (P/U)^2}}{\omega U}$$

选取实验电容,将 C' 与被测阻抗并联,测量总的电流,填入表 2-28 中。

若总电流增大,则被测元件为容性;若总电流减小,则为感性。

2.8.8 实验注意事项

（1）实验开始前，调压器的调节手柄应处于零位。每项实验完成之后，先将调压器手柄调至零位，再断开电源。

（2）实验时应记录所用仪表的量程和内阻，以便对实验数据进行分析及对测量结果加以修正。

（3）因实验电源电压直接采用市电 220 V 的交流电，因此须注意人身和设备的安全。不允许用手直接触摸通电路的裸露部分，以免触电。

2.8.9 思考题

（1）功率表测量的是_____。

（2）功率表的电流线圈应_____电路中，电压线圈应_____电路中。

2.8.10 实验报告要求

（1）画出实验原理电路图，标上参数，说明实验步骤。

（2）根据实验数据填写相应表格，完成各项计算。画出白炽灯的伏安关系曲线。

（3）写出实验结论，总结测量电路交流等效参数的方法。

（4）进行测量误差分析。

（5）写出心得体会。

2.9 日光灯电路与功率因数的提高

2.9.1 实验目的

（1）进一步熟悉功率表的使用及三表法测负载交流等效参数的方法。

（2）了解日光灯电路的工作原理。

（3）掌握提高感性负载功率因数的原理和方法。

2.9.2 实验设备

（1）交流电压表，1 块；

（2）交流电流表，1 块；

（3）功率表，1 块；

（4）自耦调压器，1 台；

（5）功率为 40 W 的白炽灯，若干；

（6）电容器，耐压≥450 V，若干；

（7）日光灯配件，1 套。

2.9.3 预习要点

（1）了解日光灯的工作原理、起辉器和镇流器的作用。

（2）在日光灯的等效电路中，已知 U_S、U_R、U_L、I 和 P，如何计算出等效参数 R、r、X_L？

（3）了解功率因数的含义,提高功率因数的意义。

（4）了解感性负载提高功率因数的方法,提高功率因数的措施。

（5）了解并联电容器能提高功率因数的原理,电容值的计算方法。

2.9.4 实验原理

1. 日光灯电路的工作原理

常用的日光灯电路如图 2-36 所示。日光灯管内壁涂有荧光粉,两端各有一灯丝,灯丝由钨丝制成,用以发射电子,灯管内充有惰性气体(如氩气)和少量水银。镇流器是一个带铁心的电感线圈,在电路中起限流、降压作用。

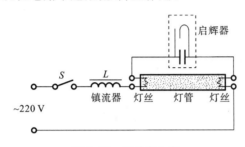

图 2-36 日光灯电路

起辉器的结构是将两个热膨胀系数不同的双金属片材料做成的触点封入一个小形玻璃泡壳内,称为辉光放电管或氖泡。并在其两端并联一个小电容,它可以消除开关火花和灯管产生的无线电干扰。起辉器用在电感镇流器日光灯电路中,起自动开关的作用。

日光灯管正常工作时,灯管两端由于内部气体导通而使电压低至 50~100 V;但在正常工作之前,要使灯管内部气体导通,需要灯管两端的电压超过 1000 V。

日光灯电路的工作过程可分为三个阶段。

（1）当电源接通时,起辉器是断开的,220 V 的交流电加在起辉器上,其管内产生强电流辉光放电,弯曲的金属片被加热,于是使弯曲电极趋于伸直,起辉器接通,此时电源通过镇流器和灯的灯丝形成了串联电路,一个相当强的预热电流迅速地对灯丝予以加热。

（2）在金属片触及 1~2 s 后,当双金属片接触时,由于接触片之间没有电压,因此辉光放电消失。然后接触片开始冷却,在一段很短的时间后它们靠弹性分离,使电路断开。由于电路呈电感性,当电路突然中断时,在灯的两端会产生持续时间约 1 ms 的 600~1500 V 的脉冲电压(其确切电压取决于灯的类型)。这个脉冲电压很快地使充在灯内的气体和蒸气电离,电流即在两个相对的发射电极之间通过。使日光灯开始发光。

（3）日光灯正常发光后,灯管两端电压降到 100 V 以下,不再满足起辉器导通的条件,此时交流电不再经过起辉器。这时将起辉器取去也不影响日光灯的正常工作。

因此,起辉器日光灯电路中瞬间断开使电路中产生感应电动势,以致有足够大的电压激发灯管发亮。镇流器则是产生感应电动势的元件,激发灯管发亮后抑制电流的增大,起到限流的作用。

值得注意的是,在电子镇流器日光灯电路中,是不用起辉器的。

2. 感性负载功率因数的提高

功率因数低的根本原因在于生产和生活中的交流用电设备大多是感性负载。如三相异步电动机的功率因数在轻载时为 $0.2\sim0.3$；满载时为 $0.8\sim0.9$；日光灯的功率因数为 $0.45\sim0.55$；电冰箱的功率因数为 0.55 左右。为了提高功率因数，必须保证负载原来的运行状态。也就是说，负载两端的电压、电流和负载的有功功率应保持不变。根据这些原则，往往采用在负载两端并联电容的方法来提高功率因数。

设图 2-37(a) 所示感性负载的端电压为 $\dot{U}$，有功功率为 P，图 2-37(b) 所示的是并联电容后电路的相量图。

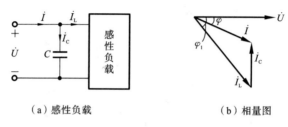

（a）感性负载　　　　　　（b）相量图

图 2-37　提高功率因数的措施

由相量图可知以下两点。

（1）在并联电容 C 前，线路上的电流与负载上的电流相同，即 $\dot{I} = \dot{I}_L$；

（2）并联电容 C 后，线路上的总电流等于负载电流和电容电流之和，即 $\dot{I} = \dot{I}_L + \dot{I}_C$。从相量图可以看出，线路上的电流变小。它滞后于电压 $\dot{U}$ 的角度是 φ，这时功率因数为 $\cos\varphi$；显然，$\varphi < \varphi_1$，故 $\cos\varphi > \cos\varphi_1$，即功率因数提高了。

3. 补偿电容的计算

可以用功率三角形的方法来推导求电容值的一般公式。

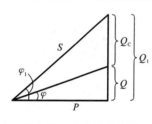

图 2-38　电容值的计算

设感性负载的有功功率为 P，功率因数为 $\cos\varphi_1$；接电容器后要使功率因数提高到 $\cos\varphi$。由于并联电容前后负载的 P 是不变的，所以功率三角形的水平边不变。并联电容前后的功率三角形如图 2-38 所示。

根据功率三角形，原感性负载的无功功率为

$$Q_1 = P\tan\varphi_1$$

并联电容后的无功功率为

$$Q = P\tan\varphi$$

故应补偿无功功率为

$$Q_C = Q_1 - Q = P(\tan\varphi_1 - \tan\varphi)$$

因为 $Q_C = \omega C U^2$，所以

$$C = \frac{P}{\omega U^2}(\tan\varphi_1 - \tan\varphi)$$

上式为端口功率因数由 $\cos\varphi_1$ 提高到 $\cos\varphi$ 所需要并联的电容值。并联的电容也称补偿电容。

此实验用日光灯电路来模拟 RL 串联电路。实际上，灯管和镇流器的端电压都不是正弦波，因而我们的测量和计算都是近似的，但是这个实验能很好地说明功率因数的意义和提高它的必要性。

2.9.5 基础性实验任务及要求

1. 日光灯电路的接线及测量

在无电的情况下,按如图 2-39 所示日光灯实验电路接线,先不接补偿电容。日光灯的等效电路如图 2-40 所示。完成表 2-29 中的测量和计算。

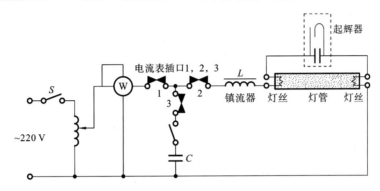

图 2-39 日光灯实验电路

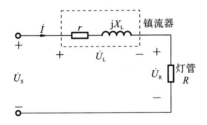

图 2-40 日光灯的等效电路

表 2-29 日光灯电路的测量

条件	测量值					计算等效参数			
	P/W	I/A	U_S/V	U_L/V	U_R/V	$\cos\varphi$	R/Ω	r/Ω	X_L/Ω
刚起辉时的值									
正常工作值									

2. 感性负载的功率因数提高

在如图 2-39 所示日光灯实验电路中并联补偿电容 C。按表 2-30 所示各项进行测量,并将测量数据填入表 2-30 中。

表 2-30 提高功率因数实验测量

接入补偿电容 C	0	1 μF	2 μF	3 μF	4 μF	5 μF
电源电压/V						
总电流 I_1/A						
日光灯电流 I_2/A						
电容器电流 I_3/A						

续表

接入补偿电容 C	0	1 μF	2 μF	3 μF	4 μF	5 μF
有功功率 P/W						
负载功率因数						
总功率因数						

2.9.6 扩展实验

将一个 40W 白炽灯并联在图 2-39 所示电路中,按照实验任务 2 重新做一次。

2.9.7 实验步骤和方法

1. 基础实验的步骤

(1) 日光灯起辉时的测量。

按图 2-39 所示的实验电路接线。经指导老师检查后接通电源,调节自耦调压器的输出,使其输出电压缓慢增大,直到日光灯刚起辉点亮为止,测量表 2-29 中所列各项,并将测量数据记录在表中,从而计算表中的等效参数。

(2) 日光灯正常工作时的测量。

将电压调至 220 V,使日光灯正常工作,测量表 2-29 中所列各项,并将测量数据记录在表中,从而计算表中的等效参数。

(3) 取下起辉器,观察日光灯是否会熄灭。

(4) 取下起辉器后,断开电源,再重新接通电源,观察日光灯是否会亮。若不亮,可用一根绝缘良好的导线短路起辉器插口,在 1~2 s 后,除去导线,观察日光灯是否发光。

2. 扩展实验的步骤

(1) 改变并联电容器(补偿电容)的电容值,进行多次重复测量。将各次实验的测量数据填入表 2-30 中。

(2) 比较并找到测量总电流相对最小的一个值,必要时需要将几个电容器并联连接,将电容值和测量的各项内容填入表 2-30 中。

2.9.8 实验注意事项

(1) 本实验用市电 220 V,务必注意用电安全和人身安全。要严格按照先断电、后接线(拆线)的步骤操作,按先检查,后通电的安全操作规范进行。

(2) 功率表要按并联接入电压线圈、串联接入电流线圈的正确接法接入电路。

(3) 若线路接线正确而日光灯不能起辉时,应检查起辉器及其接触是否良好。

(4) 并联电容值取 0 时,只要断开电容的连线即可,千万不能使两线短路,这样会造成电源短路!

2.9.9 思考题

(1) 并联电容器的电容值越大,是否功率因数就越大?

（2）在提高功率因数时，为什么只采用并联电容器的方法，而不采用串联电阻或串联电容的方法？

2.9.10　实验报告要求

（1）画出实验原理电路图和日光灯的等效电路。

（2）利用表 2-29 所示的测量数据，画出日光灯电路中各电压和电流的相量图。

（3）并联电容后，利用表 2-30 所示的测量数据，画出有补偿电容、电流的全相量图。

（4）利用表 2-30 所示的测量数据，画出两条曲线：功率因数 $\cos\varphi$ 与电容 C 的关系曲线，总电流 I 与功率因数 $\cos\varphi$ 的关系曲线。

（5）写出实验结论。

（6）进行测量误差分析。

（7）写出心得体会。

2.10　最大功率传输与匹配网络设计

2.10.1　实验目的

（1）了解电源与负载间功率传输的关系。

（2）掌握负载获得最大功率传输的条件与应用。

（3）匹配电抗网络的分析与设计。

2.10.2　实验仪器及元器件

（1）信号发生器，1 台；

（2）数字万用表，1 块；

（3）电阻元件，若干；

（4）电容元件，若干；

（5）可调电阻器，1 个；

（6）电路板，1 块。

2.10.3　预习要求

（1）了解什么是最大功率传输，什么是有限制的最佳匹配，什么是等模匹配。

（2）了解什么是匹配网络，计算匹配网络参数的原理和方法。

（3）了解实验电路的理论计算，匹配网络的理论计算。

（4）明确实验要达到的目的、实验内容以及步骤和方法。

（5）拟定测试方案和预期可能出现的误差。

2.10.4　实验原理

1. 最大功率传输

一个实际的电源，它产生的总功率通常由两部分组成，即电源内阻所消耗的功率和输出到负载上的功率。在电子与通信领域，由于信号电源的功率较小，所以总是希望在负载上能获得的功率越大越好,这样可以最有效地利用信号源能量,从信号源中获取最大功率。

如图 2-41(a)所示电路,负载 Z_L 是可变的,那么,在什么条件下负载 Z_L 能从正弦稳态电路中获得最大的平均功率 P_{Lmax} 呢?应用戴维南定理,这个问题可以简化为如图 2-41(b)所示的戴维南等效电路。负载 Z_L 如何从信号源 $\dot{U}_{Th}$ 获得最大功率。

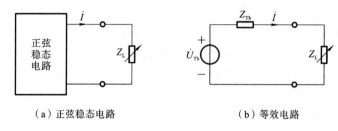

（a）正弦稳态电路　　　　　　　（b）等效电路

图 2-41　最大功率传输的电路

戴维南电压 $\dot{U}_{Th}$ 和阻抗 Z_{Th} 分别为信号源电压和内阻抗,其中,$Z_{Th}=R_{Th}+jX_{Th}$,这是一定的。设 $Z_L=R_L+jX_L$,且 R_L,X_L 均可独立变化。那么,当 R_L,X_L 的变化满足什么条件时,负载能得到最大功率呢? 因

$$\dot{I}=\frac{\dot{U}_{Th}}{(R_{Th}+R_L)+j(X_{Th}+X_L)} \tag{2-12}$$

由 $P_L=I^2R_L$,可得

$$P_L=\frac{U_{Th}^2 R_L}{(R_{Th}+R_L)^2+(X_{Th}+X_L)^2} \tag{2-13}$$

其中,U_{Th}、R_{Th} 和 X_{Th} 为固定值,而 R_L 和 X_L 是独立变量。为使 P_L 最大,就必须求出使 dP_L/dR_L 和 dP_L/dX_L 均为 0 时的 R_L 和 X_L。由式(2-13)得

$$\frac{dP_L}{dX_L}=\frac{-2U_{Th}^2 R_L(X_{Th}+X_L)}{[(R_{Th}+R_L)^2+(X_{Th}+X_L)^2]^2} \tag{2-14}$$

$$\frac{dP_L}{dR_L}=\frac{U_{Th}^2[(R_{Th}+R_L)^2+(X_{Th}+X_L)^2-2R_L(R_{Th}+R_L)]}{[(R_{Th}+R_L)^2+(X_{Th}+X_L)^2]^2} \tag{2-15}$$

由式(2-14)可知,令 $dP_L/dX_L=0$,可得

$$X_L=-X_{Th} \tag{2-16}$$

由式(2-15)可知,令 $dP_L/dR_L=0$,可得

$$R_L=\sqrt{R_{Th}^2+(X_{Th}+X_L)^2} \tag{2-17}$$

综合考虑式(2-16)和(2-17),负载获得最大功率的条件为

$$Z_L=Z_{Th}^* \quad 或 \quad R_L=R_{Th}, \quad X_L=-X_{Th} \tag{2-18}$$

最大功率传输的条件为:负载阻抗等于戴维南阻抗的共轭复数,即 $Z_L=Z_{Th}^*$。

这时负载的最大功率为

$$P_{Lmax}=\frac{U_{Th}^2}{4R_{Th}} \tag{2-19}$$

称这种状态为共轭匹配或最佳匹配。

只有当 Z_L 等于 Z_{Th} 的共轭复数时,最大功率才能传输到 Z_L 上。而在有些情况下,这是不可能的。首先,R_L 和 X_L 可能被限制在一定的范围内,这时,R_L 和 X_L 的最优值应是调整 X_L 使其尽可能地接近 $-X_{Th}$,同时调整 R_L 使其尽可能地接近

$\sqrt{R_{\text{Th}}^2+(X_{\text{Th}}+X_{\text{L}})^2}$。

当负载是纯电阻时,即 $Z_{\text{L}}=R_{\text{L}}$,负载获得最大功率的条件由式(2-17)中 $X_{\text{L}}=0$ 得

$$R_{\text{L}}=\sqrt{R_{\text{Th}}^2+X_{\text{Th}}^2}=|Z_{\text{Th}}| \tag{2-20}$$

纯电阻负载的最大功率传输的条件为:负载电阻等于戴维南阻抗的模,即 $R_{\text{L}}=|Z_{\text{Th}}|$。

当负载 $Z_{\text{L}}=R_{\text{L}}+jX_{\text{L}}$ 中的 R_{L} 不变、X_{L} 可变时,负载获得最大功率的条件应为式(2-16)。当负载 $Z_{\text{L}}=R_{\text{L}}+jX_{\text{L}}$ 中的 X_{L} 不变、R_{L} 可变时,负载获得最大功率的条件应为式(2-17)。

2. 匹配网络分析与设计

当信号源中的电压 $\dot{U}_{\text{S}}$ 和内阻 R_{S} 不变,且负载电阻 R_{L} 也不可变化时,要使负载 R_{L} 获得最大功率,就必须设计一个匹配电抗网络,如图 2-42 所示。

匹配电抗网络的计算:R_{L}、jX_2 并联支路的阻抗为 Z_2,有

$$Z_2=\frac{jX_2R_{\text{L}}}{R_{\text{L}}+jX_2}=\frac{X_2^2R_{\text{L}}}{R_{\text{L}}^2+X_2^2}+j\,\frac{X_2R_{\text{L}}^2}{R_{\text{L}}^2+X_2^2}$$

令 $R_{\text{S}}=\dfrac{X_2^2R_{\text{L}}}{R_{\text{L}}^2+X_2^2}$,$X_1=-\dfrac{X_2R_{\text{L}}^2}{R_{\text{L}}^2+X_2^2}$,求得 X_2 为

$$R_{\text{S}}R_{\text{L}}^2+R_{\text{S}}X_2^2=X_2^2R_{\text{L}}$$

解得

$$X_2=\pm R_{\text{L}}\sqrt{\frac{R_{\text{S}}}{R_{\text{L}}-R_{\text{S}}}} \tag{2-21}$$

求得 X_1 为

$$X_1=-\frac{X_2R_{\text{L}}^2}{X_2^2R_{\text{L}}/R_{\text{S}}}=-\frac{R_{\text{S}}R_{\text{L}}}{X_2}=\mp\sqrt{R_{\text{S}}(R_{\text{L}}-R_{\text{S}})} \tag{2-22}$$

上式表明,电抗 X_1 与 X_2 互为负数,即它们是性质不同的元件,当 X_1 取正为电感时,X_2 则为负,必是电容。

若内阻 $R_{\text{S}}=100\ \Omega$,负载电阻 $R_{\text{L}}=1000\ \Omega$,$X_1$ 取为电感、X_2 取为电容,设信号源电压 $\dot{U}_{\text{S}}=100\angle 0°\ \text{V}$,角频率 $\omega=1000\ \text{rad/s}$,则计算结果为

$$X_1=\sqrt{R_{\text{S}}(R_{\text{L}}-R_{\text{S}})}=\sqrt{100\times 900}\ \Omega=300\ \Omega$$

电感为

$$L=\frac{300}{1000}\ \text{H}=0.3\ \text{H}$$

$$\omega C=\frac{1}{R_{\text{L}}}\sqrt{\frac{R_{\text{L}}}{R_{\text{S}}}-1}=10^{-3}\sqrt{10-1}\ \text{S}=3\times 10^{-3}\ \text{S}$$

电容为

$$C=\frac{3\times 10^{-3}}{1000}\ \text{F}=3\times 10^{-6}\ \text{F}=3\ \mu\text{F}$$

最大功率为

$$P_{\text{Lmax}}=\frac{U_{\text{S}}^2}{4R_{\text{S}}}=\frac{100^2}{4\times 100}\ \text{W}=25\ \text{W}$$

计算表明,如选择 $L=0.3\ \text{H}$,$C=3\ \mu\text{F}$,图 2-42 所示电路从信号源两端以右单口网络的输入阻抗等于 $100\ \Omega$,它可以获得 $25\ \text{W}$ 的最大功率,由于其中的电感和电容平均功率为零,根据平均功率守恒定理,可知这些功率将为 $R_{\text{L}}=1000\ \Omega$ 的负载全部吸收。

2.10.5 基础性实验任务及要求

实验电路如图 2-43 所示。电源电压有效值为 15 V,频率 $f=800\ \text{Hz}$,电阻 R_1 和 R_2

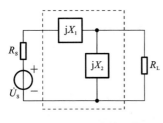

图 2-42 匹配电抗网络

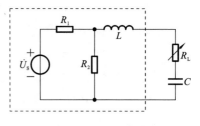

图 2-43 实验电路

选 1 kΩ 左右，电感元件 $L=30$ mH，电容元件 C 和可调电阻 R_L 由实验室提供。

设 $R_0=\sqrt{R_{Th}^2+(X_L-X_C)^2}$，其中，$R_{Th}=R_1//R_2$。选取两个不同的电容元件 C_1、C_2。每次接上一个电容后，调节 R_L 并测量其上的电压，计算负载 R_L 的功率 P_L，验证 $R_L=R_0$ 时功率 P_L 最大，X_C 与 X_L 最接近时功率 P_L 最大。将最大功率传输实验的测量和计算数据填入表 2-31 中。

表 2-31 最大功率传输实验的测量和计算数据

条件			测量和计算数据					
有电容	$C_1=$ _____ μF	R_L				$R_L=R_0$		
		U_L						
		P_L						
	$C_2=$ _____ μF	U_L						
		P_L						
无电容		R_L				$R_L=|Z_0|$		
		U_L						
		P_L						

2.10.6 扩展实验

设内阻 $R_S=100$ Ω，负载电阻 $R_L=200$ Ω，信号源电压 $\dot{U}_S=15\angle0°$ V，角频率 $\omega=5000$ rad/s。设计一个匹配电抗网络，使负载 R_L 获得最大功率，如图 2-44 所示。

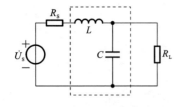

图 2-44 匹配电抗网络

2.10.7 实验步骤和方法

1. 最大功率传输实验步骤

（1）对图 2-43 所示的实验电路，先自行选取电阻值，电阻值选 1 kΩ。选取电容两个，电容值接近 1 μF 即可。可调电阻器选 1 kΩ 左右。

（2）按图 2-43 所示电路在电路板上接线，每接一个电容，调节电阻 R_L，测量其电压 U_L，计算 P_L 并填入表 2-31 中。改变电阻 R_L 的值前应先确定 R_0 的值，首先测量 $R_L=R_0$ 时的值，然后增加或减少 R_L 的值再测量几次。

（3）在 $R_L=R_0$ 附近可以多测几次，找出最大功率时的 R_L 的值，与理论值比较。

（4）不接电容时，获得最大功率的条件应是等模匹配。即 $R_L=|Z_0|=\sqrt{R_{Th}^2+X_L^2}$。

首先测量 $R_L = |Z_0|$ 时的值,然后增加或减少 R_L 的值再测量几次。

(5)在 $R_L = |Z_0|$ 附近可以多测几次,找出最大功率时的 R_L 的值,与理论值比较。

2. 匹配网络设计实验步骤

(1)先理论计算 L 和 C 的值,计算公式见式(2-21)和式(2-22)。

(2)按图 2-44 所示电路在电路板上接线,接通电源,再用电压表测量电路中负载上的电压,计算负载的功率并与理论值比较。

(3)没有匹配网络时,用电压表测量电路中负载上的电压,计算负载的功率并与有匹配网络时的负载功率进行比较。

2.10.8 实验注意事项

(1)在实验室取得电阻后,应用万用表测量其阻值。

(2)每个学生连接的电路中的电源电压值和电阻值可能选不一样,但得到的实验结论应是相同的。

(3)实验前应对所有电路进行理论计算,以便与测量结果比较并选用仪表的量程。

(4)可调电阻器的值可根据二端网络的内阻确定。

(5)电路接线完成并经检查无误后才可接通电源;改接或拆线时应先断开电源。

2.10.9 思考题

(1)共轭匹配时,功率传输效率是多少?

(2)为什么称共轭匹配为最佳匹配?

2.10.10 实验报告要求

(1)画出实验原理电路图,标上参数。

(2)写出实验内容和步骤、各种理论计算值及实验测得的数据。

(3)写出实验结论。

(4)进行测量误差分析。

(5)写出心得体会。

2.11 三相电路的研究

2.11.1 实验目的

(1)了解三相负载作星形连接(以下简称 Y 形连接)和三角形连接(以下简称△形连接)时,在对称和不对称的情况下,相电压和线电压的关系、相电流和线电流的关系。

(2)比较三相电路供电方式中,三相三线制和三相四线制的特点,了解三相四线制电路中中线的作用以及中性点位移的概念。

(3)学习测量三相电路功率的方法。

(4)学习测定相序的方法。

2.11.2 实验仪器及元器件

（1）三相调压器,1台;

（2）三相灯组负载,3套;

（3）数字万用表,1块;

（4）电容器的电容值为 4.7 μF,耐压≥450 V,1个;

（5）功率表,2块;

（6）闸刀开关,若干。

2.11.3 预习要求

（1）了解什么是对称的三相电路,对称的三相电路有什么特点,中线的作用是什么。

（2）了解什么是不对称的三相电路,什么是中性点位移。

（3）掌握对称或不对称三相电路的理论分析。

（4）了解三相电路的功率及测量。

（5）了解三相电路的相序、相序测定电路的分析。

（6）明确实验要达到的目的、实验内容以及步骤和方法。

2.11.4 实验原理

1. 三相负载的 Y 形连接

（1）对称 Y 形连接负载。

在三相负载 Y 形连接的情况下,线电流等于相电流,即 $\dot{I}_1 = \dot{I}_P$。线电压的有效值是相电压有效值的 $\sqrt{3}$ 倍,即 $U_1 = \sqrt{3} U_P$,线电压超前相电压 30°。相量图如图 2-45 所示。

对称三相电路接有 Y 形连接负载时,两中性点之间的电压为零,中线电流为零。所以,有中线和无中线一样。

（2）不对称 Y 形连接负载。

当对称三相电源接不对称三相负载时,若无中线,则将产生负载的中性点位移,相量图如图 2-46 所示。当中性点位移时,会造成各相电压分配不平衡,可能使某相负载由于过压而损坏,而另一相负载则由于欠压而不能工作。

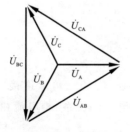

图 2-45 对称三相电压相量图

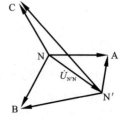

图 2-46 中性点位移相量图

为了解决这个问题,供电系统一般采用三相四线制,即有中线。把电源中心与负载中心强制重合。三相四线制连接的电路,即使负载不对称,也能保证负载上的电压对称,但这时中线有电流。所以,各相负载分配时应尽量使各相负载对称,以减小中线电流。

2. 三相负载的△形连接

（1）对称△形连接负载。

在对称三相负载△形连接的情况下，线电压等于相电压，即 $\dot{U}_l = \dot{U}_P$。线电流有效值是相电流有效值的 $\sqrt{3}$ 倍，即 $I_l = \sqrt{3} I_P$，线电流滞后相电流 30°。相量图如图 2-47 所示。

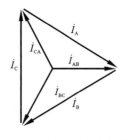

图 2-47 对称三相电流相量图

（2）不对称△形连接负载。

在不对称三相负载△形连接的情况下，线电流、相电流不再对称，则 $I_l \ne \sqrt{3} I_P$，但只要电源线电压对称，加在三相负载上的电压仍是对称的，对各相负载工作没有影响。

3. 三相电路功率的测量

对于三相三线制电路系统，不论电路对称与否，均可采用两功率表法来测量三相总功率。

功率表的测量接线如图 2-48(a)、图 2-48(b)所示，即两只功率表读数之和等于三相总功率。这里要特别指出，在用两功率表测量三相电路功率时，其中一只功率表的读数可能会出现负值，而总功率是两功率表的代数和。

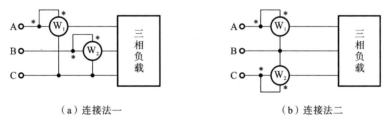

（a）连接法一　　　　　　　（b）连接法二

图 2-48 用两功率表测量三相电路功率

对于对称三相四线制电路，可用一只功率表测出单相功率，三相功率为单相的三倍。对于不对称三相四线制电路，要用三只功率表分别测量各相功率。

4. 三相电路相序的测定

三相电源有正序、逆序（负序）和零序等三种相序。通常情况下的三相电路是正序系统，即相序为 A—B—C 的顺序。实际工作中常需确定相序，即已知是正序系统的情况下，指定某相电源为 A 相，判断另外两相何为 B 相、何为 C 相。相序可用专门的相序仪测定，也可用如图 2-49 所示的电路确定。在此电路中，一电容器与另两个瓦数相同的灯泡接成 Y 形负载。由于是不对称负载，负载的中性点发生位移，因此负载各相电压不对称。若指定电容所在相为 A 相，则灯泡较亮的相为 B 相，灯泡较暗的相为 C 相。

图 2-49 所示电路中的电容为 4.7 μF，两个灯泡（相当于电阻 R）均为 40 W/220 V。设相电压为 $\dot{U}_A = 120\angle 0°$，则 $X_C = \dfrac{1}{100\pi \times 4.7 \times 10^{-6}}$ Ω = 677.3 Ω，$R = \dfrac{220^2}{40}$ Ω = 1210

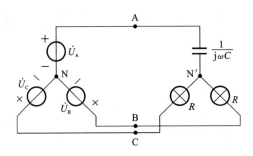

图 2-49   相序测定电路

Ω,求灯泡两端的电压。

用弥尔曼定理计算中性点之间的电压,则

$$\dot{U}_{N'N}=\frac{\dot{U}_A\mathrm{j}/X_C+\dot{U}_B/R+\dot{U}_C/R}{\mathrm{j}/X_C+1/R+1/R}=\frac{\mathrm{j}120+120X_C/R\angle(-120°)+120X_C/R\angle120°}{\mathrm{j}+2X_C/R}$$
$$=19.88+\mathrm{j}89.43\ \mathrm{V}$$

B 相灯泡两端电压为

$$\dot{U}_{BN'}=\dot{U}_B-\dot{U}_{N'N}=120\angle(-120°)-19.88-\mathrm{j}89.43$$

其有效值为

$$U_{BN'}=209.2\ \mathrm{V}$$

C 相灯泡两端电压为

$$\dot{U}_{CN'}=\dot{U}_C-\dot{U}_{N'N}=U\angle120°-19.88-\mathrm{j}89.43$$

其有效值为

$$U_{CN'}=81.2\ \mathrm{V}$$

可见 B 相灯泡的电压要高于 C 相灯泡的电压,因此 B 相灯泡要比 C 相灯泡亮得多。由此可判断:若接电容的一相为 A 相,则灯泡较亮的一相为 B 相,较暗的一相为 C相。

2.11.5   基础性实验任务及要求

1. Y 形负载电路的电压、电流的测量

按图 2-50 所示的实验电路接线,三相负载可以用灯泡替代,将测量数据填入表2-32 中。

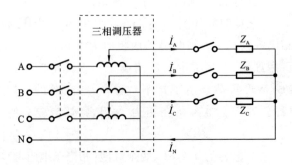

图 2-50   Y 形负载的三相电路

表 2-32 Y 形三相电路的电压、电流的测量数据

测量条件		相电压/V			线电压/V	线电流/A			中线电流/A	两中性点电压/V
		U_A	U_B	U_C	U_{AB}	I_A	I_B	I_C	I_N	$U_{NN'}$
负载对称	有中线									
	无中线									
负载不对称	有中线									
	无中线									
A 相开路	有中线									
	无中线									
C 相短路	无中线									

2. △形负载电路的电压、电流的测量

按图 2-51 所示的实验电路接线，三相负载可以用灯泡替代，将测量数据填入表 2-33 中。

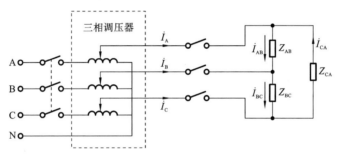

图 2-51 △形负载的三相电路

表 2-33 △形三相电路的电压、电流的测量数据

测量条件	相电流/A			线电压/V	线电流/A			两功率表功率/W	
	I_{AB}	I_{BC}	I_{CA}	U_{AB}	I_A	I_B	I_C	P_1	P_2
负载对称									
负载不对称									
CA 相开路								—	—
B 线断开								—	—

3. 三相电路功率的测量

在实验内容 2 的基础上，即按图 2-51 所示实验电路接线后，三相负载可以用灯泡替代。用两功率表法测量对称和不对称负载的功率，数据填入表 2-33 中。

2.11.6 扩展实验

按图 2-49 所示的实验电路接线，测定三相电路的相序。分别测量三个相电压，然后与理论值进行比较。

2.11.7　实验步骤和方法

1. 三相负载 Y 形连接实验步骤

（1）按图 2-50 所示实验电路接线,将三相调压器的旋柄置于输出为 0 的位置。待检查接线正确后,再调节调压器的输出,使输出的三相线电压为 220 V。负载对称时先后测量有中线、无中线时的线电压、相电压、线电流、中线电流和两中性点的电压,填入表 2-32 中。

（2）负载不对称时,调节三相调压器的输出,使输出的三相线电压为 220 V。使每相接的灯泡个数不同,再测量有中线、无中线时的线电压、相电压、线电流、中线电流和两中性点的电压,填入表 2-32 中。

（3）将 A 相开路,调节三相调压器的输出,使输出的三相线电压为 380 V。再测量有中线、无中线时的线电压、相电压、线电流、中线电流和两中性点的电压,填入表 2-32 中。

（4）将 C 相短路,调节三相调压器的输出,使输出的三相线电压为 220 V。再测量线电压、相电压、线电流、中线电流和两中性点的电压,填入表 2-32 中。

2. 三相负载△形连接及三相电路功率测量实验步骤

（1）按图 2-51 所示实验电路接线,将三相调压器的旋柄置于输出为 0 的位置。待检查接线正确后,再调节调压器的输出,使输出的三相线电压为 220 V。负载对称时测量线电压、相电流、线电流,填入表 2-33 中。

（2）再按图 2-48(a)或图 2-48(b)所示的方案接入功率表,用两功率表法测量三相电路的功率。将两个功率表的读数填入表 2-33 中。

（3）负载不对称时,调节三相调压器的输出,使输出的三相线电压为 220 V。使每相接的灯泡个数不同,再测量线电压、相电流、线电流,填入表 2-33 中。

（4）再按图 2-48(a)或图 2-48(b)所示的方案接入功率表,用两功率表法测量三相电路的功率。将两个功率表的读数填入表 2-33 中。

（5）将 CA 相开路,调节三相调压器的输出,使输出的三相线电压为 220 V。再测量线电压、相电流、线电流,填入表 2-33 中。

（6）将 B 线相断开,调节三相调压器的输出,使输出的三相线电压为 220 V。再测量线电压、相电流、线电流,填入表 2-33 中。

3. 相序测定实验步骤

按图 2-49 所示实验电路接线,取电容的电容值为 4.7 μF,两个灯泡(相当于电阻 R)均为 40 W/220 V。将三相调压器的旋柄置于输出为 0 的位置。待检查接线正确后,再调节调压器的输出,使输出的三相相电压为 120 V。观察两个灯泡的亮度,再确定三相电源的相序。

2.11.8　实验注意事项

（1）在合上和断开电源前,调压器的旋柄应回零。

（2）若每相负载为单个额定电压为 220 V 的白炽灯泡,特别是在采用 Y 形连接法无中线时,由于中性点位移,灯泡两端的电压有可能超过 220 V,故实验中应注意负载端线电压不可超过 220 V。

(3) 注意实验线路中开关的作用和正确接法。

(4) 本实验中三相电源的电压较高,必须严格遵守安全操作规程,以保证人身和设备的安全。

2.11.9 思考题

(1) 三相负载时,根据什么条件选择采用 Y 形或△形连接?

(2) 三相 Y 形连接不对称负载,在无中线情况下,当某相负载开路或短路时会出现什么情况? 如果接上中线,情况又如何?

2.11.10 实验报告要求

(1) 画出实验原理电路图,标上参数。

(2) 写出实验内容和步骤、各种实验测得的数据。

(3) 写出实验结论,由实验结果说明 Y 形连接电路的三相三线制和三相四线制的特点。

(4) 说明三相四线制电路中中线的作用。

(5) 说明三相电路功率的测量方法。

(6) 说明相序测定电路的原理和测量方法。

(7) 写出心得体会。

2.12 互感电路的测试

2.12.1 实验目的

(1) 掌握测定互感线圈同名端的方法。

(2) 掌握互感电路的互感系数、自感系数的测定方法。

(3) 理解变压器的变压、变流和变换阻抗的三大作用。

(4) 了解变压器特性的测试方法。

2.12.2 实验仪器及元器件

(1) 调压器,1 台;

(2) 灯组负载,3 套;

(3) 数字万用表,1 块;

(4) 小功率电源变压器,1 台。

2.12.3 预习要求

(1) 了解什么是自感和互感,同名端的定义和作用,同名端的判别方法。

(2) 了解自感系数和互感系数的测量原理和方法。

(3) 了解变压器的三大作用,变比的测量方法。

(4) 了解实际铁心变压器与理想变压器的差别。

(5) 了解变压器的外特性及其测量方法。

2.12.4 实验原理

1. 判断互感线圈同名端的方法

（1）直流法。

同名端可以用实验方法判定,其测试电路如图 2-52 所示。虚线框内为待测的一对互感线圈,把其中一个线圈通过开关 S 接到一个直流电源(如干电池),把一个直流电压表接到另一线圈。开关 S 突然闭合时,就有随时间增长而产生的电流 i_1 流入线圈端钮 1,即 $\dfrac{\mathrm{d}i_1}{\mathrm{d}t}>0$。如果此时电压表指针正向偏转,由于电压表的正极连接在线圈端钮 2,这就表明端钮 2 为高电位端。由于同名端的瞬时极性是相同的,由此可判定端钮 1 和端钮 2 是同名端。

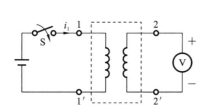

图 2-52 同名端的直流实验测定

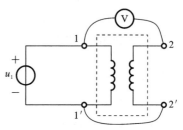

图 2-53 同名端的交流实验测定

（2）交流法。

互感电路同名端也可利用交流电来测定,将线圈 1 的端钮 $1'$ 与线圈 2 的端钮 $2'$ 用导线连接,如图 2-53 所示,在线圈 1 两端加以交流电压 u_1,用电压表分别测端钮 1 及端钮 $1'$ 两端与端钮 1 及端钮 2 两端的电压,设分别为 $U_{11'}$ 与 U_{12},由于 U_{12} 是两个线圈端电压之差,因此,若 $U_{12}>U_{11'}$,则用导线连接的两个端钮(端钮 $1'$ 与端钮 $2'$)应为异名端(也即端钮 $1'$ 与端钮 2 以及端钮 1 与端钮 $2'$ 分别为同名端);反之,端钮 1 与端钮 2 为同名端。

2. 自感系数和互感系数的测量

（1）自感系数的测量。

实际测量铁心变压器线圈的自感系数时,常用电压表、电流表和电阻表来测量,线路如图 2-54 所示。由于已知铁心线圈是 RL 串联电路,先将副边开路,此时副边对原边无互感作用。用万用表欧姆档测得线圈电阻 R_1,再测得原边电压 U_1 和电流 I_1,线圈的阻抗为

$$|Z_1|=\frac{U_1}{I_1}=\sqrt{R_1^2+(\omega L_1)^2}$$

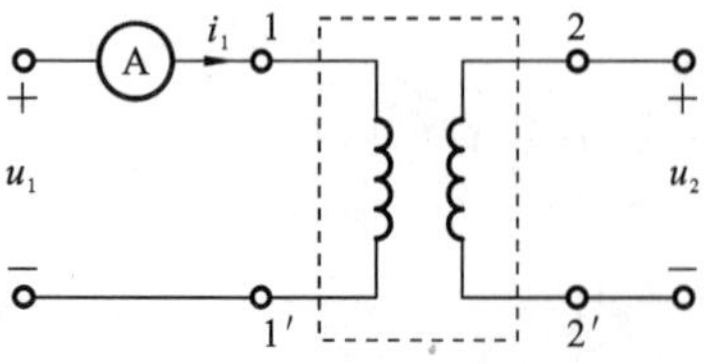

因而可计算得 L_1。用同样的方法可求得 L_2。

（2）互感系数的测量。

如图 2-54 所示,当互感线圈的一方接通电源时,另一方将会产生互感电压。副边开路电压就是为互感电压,即

$$U_2=U_M=\omega M I_1$$

图 2-54 自感和互感的实验测定

可得互感系数

$$M = \frac{U_2}{\omega I_1}$$

所以,只要测出 U_2 和 I_1 即可计算出 M。

互感线圈的耦合系数为

$$k = \frac{M}{\sqrt{L_1 L_2}}$$

3. 变压器的三大作用

铁心变压器在一定条件下可近似为理想变压器,如图 2-55 所示,其原边和副边的伏安关系可表示为

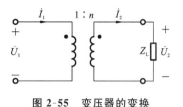

$$\frac{\dot{U}_2}{\dot{U}_1} = n, \quad \frac{\dot{I}_2}{\dot{I}_1} = \frac{1}{n}$$

式中,$n = \dfrac{N_2}{N_1}$,称为匝数比。这表明,变压器可以变换电压和电流。

图 2-55 变压器的变换

理想变压器除了有变换电压、电流的作用外,还有变换阻抗的作用。在图 2-55 所示的电路中,设理想变压器副边接负载阻抗 Z_L,则从原边端口看进去的等效阻抗为

$$Z_1 = \frac{\dot{U}_1}{\dot{I}_1} = \frac{\frac{1}{n}\dot{U}_2}{n\,\dot{I}_2} = \frac{1}{n^2}\left(\frac{\dot{U}_2}{\dot{I}_2}\right) = \frac{1}{n^2} Z_L$$

上式表明,当副边接阻抗 Z_L 时,对原边来说,相当于在原边接一个值为 Z_L/n^2 的阻抗,即理想变压器有变换阻抗的作用。

4. 变压器的外特性

变压器的外特性是指在保持变压器输入电压不变的情况下,变压器副边输出电压随负载的变化而变化的情况。也就是说,输出电压与电流的关系为 $U_2 = f(I_2)$。理想变压器的外特性是一条水平线,实际铁心变压器并非是理想的,当负载增加时,其外特性曲线将有一定量的向下倾斜。

2.12.5 基础性实验任务及要求

1. 互感线圈同名端的判定

用直流法和交流法判定互感线圈的同名端,实验电路如图 2-52 和图 2-53 所示。

2. 自感系数和互感系数的测量

参照自感系数和互感系数的测量原理,计算出自感系数 L_1 和 L_2,以及互感系数 M。两次所测量的 M 应相同。将测量数据和计算数据填入表 2-34 中。

表 2-34 自感系数和互感系数的测量数据和计算数据

测量条件	测量值					计算值		
	U_1/V	I_1/A	U_2/V	I_2/A	R/Ω	$|Z|/\Omega$	L/mH	M/mH
原边加电压,副边开路(L_1,R_1)								
副边加电压,原边开路(L_2,R_2)								

3. 变压器三大作用的验证

按图 2-56 所示实验电路接线,负载可以用灯泡代替。固定负载,改变原边电压,将测量数据填入表 2-35 中。在表中计算出变比 n,检验变压器的三大作用。

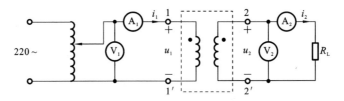

图 2-56　变压器的变比实验测定

表 2-35　变压器变比的测量数据

U_1/V	50 V	100 V	150 V	200 V	220 V
U_2/V					
I_1/A					
I_2/A					
n					

2.12.6　扩展实验

按图 2-56 所示实验电路接线,固定原边电压,当负载电阻改变时,测量副边的电压 U_2 和电流 I_2。将测量数据填入表 2-36 中。

表 2-36　变压器外特性的测量数据

并联灯泡个数	空载	1	2	3	4	5
U_2/V						
I_2/A						

2.12.7　实验步骤和方法

1. 实验内容 1 的步骤

(1) 直流法。

测试电路接线如图 2-52 所示,直流电源用稳压电源的输出(输出电压 4 V 左右)或电池。直流电压表使用万用表的直流电压档;把直流电压表换成直流电流表,即使用万用表的直流毫安档。

(2) 交流法。

按图 2-53 所示电路接线,用交流电压表分别测线圈端钮 1 与端钮 1′两端及端钮 1 与端钮 2 两端的电压,通过比较两个电压值判断同名端。

2. 实验内容 2 的步骤

(1) 用万用表分别测量两个线圈的电阻,填入表 2-34 中。

(2) 按图 2-56 所示实验电路接线,若采用 220 V/36 V 的铁心变压器,在高压端加额定电压 220 V,低压端开路。将调压器的旋柄置于输出为 0 的位置。待检查接线正确后,再调节调压器的输出,使输出的电压为 220 V。将测量的原边电压 U_1、电流 I_1 和副边的开路电压 U_2 填入表 2-35 中。

（3）在低压端加电压 36 V,高压端开路。调压器的旋柄置于输出为 0 的位置。待检查接线正确后,再调节调压器的输出,使输出的电压为 36 V。将测量的低压端电压 U_2、电流 I_2 和高压端的开路电压 U_1 填入表 2-35 中。

（4）根据测量数据计算 L_1、L_2 和 M。

3. 实验内容 3 的步骤

（1）按图 2-56 所示实验电路接线,负载可以用灯泡或电阻箱替代。

（2）将调压器的旋柄置于输出为 0 的位置。待检查接线正确后,再调节调压器的输出,使变压器原边电压为 50 V、100 V、150 V、200 V、220 V。分别记录 U_2、I_1、I_2 的测量值并填入表 2-35 中。

4. 扩展实验的步骤

（1）按图 2-56 所示实验电路接线,负载可以用灯泡或电阻箱替代。

（2）将调压器的旋柄置于输出为 0 的位置。待检查接线正确后,再调节调压器的输出,使变压器原边电压为 220 V。

（3）改变负载,分别记录 U_2、I_2 的测量值并填入表 2-36 中。

2.12.8　实验注意事项

（1）在合上和断开电源前,调压器的旋柄应回零。

（2）用直流电做实验时,要注意线圈的发热情况,不能长时间在线圈中通以直流电。

（3）用交流电做实验时,应注意变压器的容量,即视在功率。线圈上的电压和电流都不能超过其额定值。

（4）当负载超过额定负载时,变压器在超载状态下运行,容易烧坏。

（5）遇异常情况应立即断开电源,待解决故障后,方可继续实验。

2.12.9　思考题

（1）若已知线圈的自感和互感,则两互感线圈串联的总电感值与同名端的关系如何?

（2）变压器有哪三大功能?

2.12.10　实验报告要求

（1）画出实验原理电路图,标上参数。

（2）写出实验内容和步骤,写出各种实验数据,画出变压器的外特性曲线图。

（3）写出实验结论,由实验结果说明什么问题。

（4）说明两次测量的互感系数应相同。

（5）说明铁心变压器近似为理想变压器,三大作用与变比的关系。

（6）说明铁心变压器的外特性。

（7）写出心得体会。

2.13 RLC 谐振电路的测试

2.13.1 实验目的

（1）加深对 RLC 谐振电路特点的理解。

（2）掌握谐振电路谐振频率、带宽、Q 值的测量方法。

（3）学会电路频率特性的测量方法。

（4）观察、分析电路参数对电路谐振特性的影响。

2.13.2 实验仪器及元器件

（1）示波器，1 台；

（2）信号发生器 ，1 块；

（3）交流毫伏表，1 块；

（4）电阻、电感、电容元件，若干；

（5）电路板，1 块。

2.13.3 预习要求

（1）了解什么是谐振，谐振的条件是什么，估算电路的谐振频率。学习判别电路是否发生谐振的方法，测试谐振点的方案。

（2）了解 RLC 串联电路的特点。

（3）了解 Q 值的定义、含义及测量方法。了解要提高 R、L、C 串联电路的品质因数，则应如何改变电路参数。

（4）了解什么是通频带，什么是半功率点，以及对应的测量方法。

（5）当 $C=0.01\ \mu\text{F}$，$L=10\ \text{mH}$，$R=200\ \Omega$ 时，估算谐振频率。

（6）制订实验测试方案，画出谐振电路与仪器的连接图。

2.13.4 实验原理

1. RLC 串联谐振电路

在图 2-57 所示的 RLC 串联电路中，当正弦交流信号源的频率 f 改变时，电路中的感抗、容抗随之改变，电路中的电流也随 f 改变。取电路电流作为响应，则有

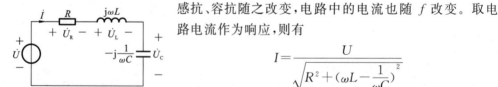

图 2-57 RLC 串联电路

$$I=\frac{U}{\sqrt{R^2+\left(\omega L-\dfrac{1}{\omega C}\right)^2}}$$

$$\varphi(\omega)=-\arctan\frac{\omega L-\dfrac{1}{\omega C}}{R}$$

当输入电压 U 维持不变时，在不同信号频率的激励下，测出电阻 R 两端电压 U_R 之值，即 $I=\dfrac{U_R}{R}$，然后以频率为横坐标，以电流为纵坐标，绘出光滑的曲线，此即为幅频特

性曲线，亦称电流谐振曲线，如图 2-58（a）所示；测量出信号源 $\dot{U}$ 与 $\dot{I}$（即 $\dot{U}_R$）的相位差 $\varphi(\omega)$，称为相频特性，如图 2-58（b）所示。

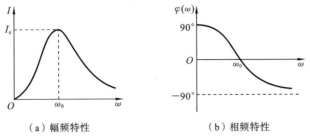

（a）幅频特性　　　　　　　　（b）相频特性

图 2-58　RLC 串联电路的频率特性

2. 谐振频率

$$f = f_0 = \frac{1}{2\pi\sqrt{LC}}$$ 处（$X_L = X_C$）对应的点即为幅频特性曲线尖峰所在的频率点，此点对应的频率称为谐振频率，此时电路呈纯阻性，电路阻抗的模最小，在输入电压 U 为定值时，电路中的电流 I_0 达到最大值，且与输入电压同相位，从理论上讲，此时

$$U = U_R = U_0, \quad U_{L0} = U_{C0} = QU$$

式中的 Q 称为电路的品质因数。

3. Q 值的两种测量方法

一种方法是根据公式

$$Q = \frac{U_{L0}}{U} = \frac{U_{C0}}{U}$$

测定，U_{L0} 与 U_{C0} 分别为谐振时电容器 C 和电感线圈 L 上的电压；另一方法是先通过

$$\Delta f = f_h - f_L$$

测量谐振曲线的通频带宽度（如图 2-59 所示），再根据

$$Q = \frac{f_0}{f_h - f_L}$$

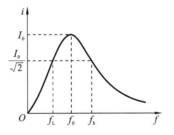

图 2-59　RLC 电路的通频带

求出 Q 值，式中 f_0 为谐振频率，f_h 和 f_L 是失谐时幅度下降到最大值的 $\frac{1}{\sqrt{2}}(\approx 0.707)$ 时的上、下频率，也称半功率点频率。

Q 值越大，曲线越尖锐，通频带越窄，电路的选择性越好。在恒压源供电时，电路的品质因数、选择性与通频带只取决于电路本身的参数，而与信号源无关。

2.13.5　基础性实验任务及要求

1. 谐振频率的测量

按图 2-60 所示电路接线，取 $C = 0.01\ \mu F$，$L = 10\ mH$，$R = 200\ \Omega$，调节信号源输出电压为 1 V 正弦信号，并在整个实验过程中保持不变。先找出电路的谐振频率 f_0，其方法是，用示波器双通道分别测 u_i 与 u_R，令信号源的频率由小逐渐变大（注意要维持信号源的输出幅度不变），当 u_i 与 u_R 的相位差为 0 时，读得频率计上的频率值即为电路的谐振频率 f_0，接下来依次测量 U_{R0}、U_{L0}、U_{C0} 之值，记入表 2-37 中。

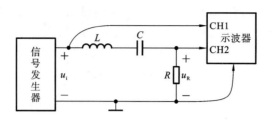

图 2-60　RLC 串联谐振电路实验电路

表 2-37　谐振频率及谐振时的电压和电流测量数据

R/Ω	f_0/kHz	u_i 与 u_R 的相位差	U_{R0}/V	U_{L0}/V	U_{C0}/V	计算 I_0/mA	计算 Q 值
200							
1000							

2. 通频带的测量

在谐振点两侧,应先测出下限频率 f_L 和上限频率 f_h 及相对应的 U_R 值,然后计算 BW＝$f_h - f_L$,填入表格 2-38 中。比较两次计算的 Q 值。

表 2-38　通频带及 Q 值的测量数据

R/Ω	f_L/kHz	f_h/kHz	U_R/V	u_i 与 u_R 的相位差	计算 I/mA	计算 BW	计算 Q 值
200							
1000							

3. 幅频特性和相频特性曲线的测量

在谐振点两侧,按频率递增或递减 500 Hz 或 1000 Hz,依次各取若干测量点,从示波器上读取电阻上的电压 U_R,以及 u_i 与 u_R 的相位差 φ。将测量数据填入表 2-39 中。

表 2-39　谐振曲线的测量数据

R/Ω	$L=$　mH, $C=$　μF, $f_0=$　kHz, $f_L=$　kHz, $f_h=$　kHz, $I_0=$　mA							
200	f/kHz							
	U_R/V							
	I/mA							
	$\varphi/(°)$							
1000	f/kHz							
	U_R/V							
	I/mA							
	$\varphi/(°)$							

2.13.6　扩展实验

测试电路如图 2-61 所示,通过实验测试其频率特性,分析该电路为何种滤波电路。

2.13.7 实验步骤和方法

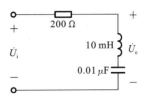

图 2-61 测试电路

1. 实验内容 1 的步骤

(1) 按图 2-60 所示电路在电路板上接线,调节信号源的电压 $u_i = 1$ V,$R = 200$ Ω。

(2) 用交流毫安表测量电阻上的电压 u_R;调节信号源的频率,使 u_R 达到最大,此时信号源的频率就是谐振频率。

(3) 谐振时,可观察示波器上 u_{Rm} 也最大,u_i 与 u_R 的相位差为 0,即为同相位。

(4) 确定谐振频率后,测量谐振时的 U_{R0}、U_{L0}、U_{C0} 之值,将测量数据填入表 2-37 中。

(5) 将电阻换成 $R = 1$ kΩ,这时谐振频率应该不变,再测量谐振时的 U_{R0}、U_{L0}、U_{C0} 之值,将测量数据填入表 2-37 中。

2. 实验内容 2 的步骤

(1) 设置 $U_i = 1$ V,当 $R = 200$ Ω 时,在谐振频率两侧调节信号源频率,使电阻上的电压 $U_R = 0.707$ V,记下两个半功率点频率 f_L 和 f_h。

(2) 在测量时,用示波器观察 u_i 和 u_R 的波形,在半功率点频率时,u_R 的最大值应是谐振时最大值的 0.707 倍,u_i 与 u_R 的相位差为 ±45°,将测量数据填入表 2-38 中。

(3) 将电阻换成 $R = 1$ kΩ,再重复步骤(1)、(2),并将测量数据填入表 2-38 中。

3. 实验内容 3 的步骤

(1) 当 $R = 200$ Ω 时,测量谐振电路的幅频特性和相频特性。频率间隔的选择可以自行根据绘制曲线的要求而定,幅频特性的值可用交流毫伏表或示波器测得。相频特性用示波器测得,将测量数据填入表 2-39 中。

(2) 当 $R = 1000$ Ω 时,重复步骤(1)中的内容。

(3) 根据所测数据,计算电流 I 的值,并且绘制 I/I_0-f 曲线。

2.13.8 实验注意事项

(1) 做谐振曲线的测量时,应在靠近谐振频率附近处多取几个频率点,并注意每次改变频率后,应调整信号输出幅度(用示波器监视输出电压的幅度),使其保持不变。

(2) 串联谐振电路中,电感电压和电容电压比电源电压大 Q 倍。在用交流毫伏表测量时应改变量程。在测量 U_{C0} 与 U_{L0} 时,交流毫伏表的"+"端接 C 与 L 的公共点。

(3) 应注意,电感线圈不是纯电感,内含有电阻。另外,信号源也含有内阻。用谐振的方法可以测得这些电阻。

(4) 在测量输出电压与输入电压之间的相位差时,一定要注意公共端的选取。

2.13.9 思考题

(1) RLC 串联电路的谐振频率由哪些元件参数决定? 电路中电阻的数值是否影响谐振频率?

(2) 谐振时 U_L 及 U_C 是否一定大于 U_S? 什么情况下它们比 U_S 小?

2.13.10 实验报告要求

(1) 画出实验原理电路图,标上参数。

（2）写出实验内容和步骤，以及各种理论计算值、实验测量值。

（3）在同一张图上绘制两种 Q 值的幅频特性，纵坐标为电流比值 I/I_0，横坐标为频率 f。在另一张图上绘制两种 Q 值的相频特性。

（4）计算出通频带与 Q 值，说明取不同 R 值时对电路通频带与品质因数的影响。对两种不同的测 Q 值方法进行比较，分析误差原因。

（5）通过本次实验，总结、归纳串联谐振电路的特性。

2.14 RC 选频网络特性的测试

2.14.1 实验目的

（1）熟悉 RC 串并联网络的特点及其应用。
（2）熟悉 RC 双 T 形网络的特点及其应用。
（3）学会 RC 电路测定幅频特性和相频特性。
（4）理解电路频率特性的物理意义。

2.14.2 实验仪器及元器件

（1）数字式存储示波器，1 台；
（2）函数信号发生器，1 块；
（3）交流毫伏表，1 块；
（4）电阻、电感、电容元件，若干；
（5）电路板，1 块。

2.14.3 预习要求

（1）了解什么是电路的频率响应、幅频特性和相频特性。
（2）了解 RC 串并联网络的频率特性的特点。
（3）了解 RC 双 T 形网络的频率特性的特点。
（4）根据电路参数，分析、估算 RC 串并联网络和 RC 双 T 网络的中心频率 f_0。
（5）分析两个网络在中心频率 f_0 时，其幅值和相位是多少。
（6）拟定测量方案和实验步骤，准备对数坐标纸。

2.14.4 实验原理

1. RC 串并联网络的频率特性

RC 串并联网络电路如图 2-62（a）所示，该电路结构简单，作为选频环节广泛用于低频振荡电路中，可以获得高纯度的正弦波电压。

用函数信号发生器的正弦输出信号作为图 2-62（a）所示电路的激励信号 u_i，并在保持 u_i 值不变的情况下，改变输入信号的频率 f，用交流毫伏表或示波器测出输出端相应于各个频率点下的输出电压 u_o 值，将这些数据画在以频率 f 为横轴、u_o 为纵轴的坐标纸上，用一条光滑的曲线连接这些点，该曲线就是上述电路的幅频特性曲线。

该电路的一个特点是其输出电压幅度不仅会随输入信号的频率的变化而变化，而

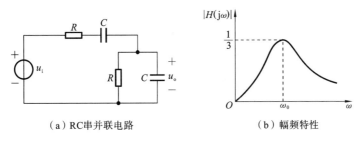

（a）RC串并联电路　　　　　（b）幅频特性

图 2-62 RC 串并联电路及幅频特性

且还会出现一个与输入电压同相位的最大值，如图 2-62(b)所示。

设 $Z_1 = R + \dfrac{1}{j\omega C}$，$Y_2 = \dfrac{1}{R} + j\omega C$，则有 $Z_2 = \dfrac{1}{Y_2}$。由分压公式知：

$$\dot{U}_o = \frac{Z_2}{Z_1 + Z_2}\dot{U}_i = \frac{1}{1 + Z_1 Y_2}\dot{U}_i$$

网络函数为

$$H(j\omega) = \frac{\dot{U}_o}{\dot{U}_i} = \frac{1}{1 + \left(R + \dfrac{1}{j\omega C}\right)\left(\dfrac{1}{R} + j\omega C\right)}$$

$$= \frac{1}{3 + j\left(\omega RC - \dfrac{1}{\omega RC}\right)}$$

当角频率 $\omega = \omega_0 = \dfrac{1}{RC}$，即 $f = f_0 = \dfrac{1}{2\pi RC}$ 时，$|H(j\omega)| = \dfrac{U_o}{U_i} = \dfrac{1}{3}$，且此时相量 $\dot{U}_o$ 与相量 $\dot{U}_i$ 同相位，此时的 f_0 称为电路通带中心频率。

由图 2-62(b)可见，RC 串并联网络电路具有带通特性。

2. RC 双 T 形网络的频率特性

RC 双 T 形网络电路如图 2-63(a)所示，该电路结构简单，作为选频环节被广泛用于低频振荡电路中，可以对某一频率的正弦波信号进行阻塞。

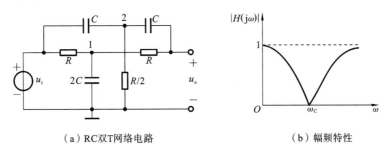

（a）RC双T网络电路　　　　　（b）幅频特性

图 2-63 RC 双 T 形网络电路及幅频特性

用函数信号发生器的正弦输出信号作为图 2-63(a)的激励信号 u_i，并在保持 u_i 值不变的情况下，改变输入信号的频率 f，用交流毫伏表或示波器测出输出端相应于各个频率点下的输出电压 u_o 值，将这些数据画在以频率 f 为横轴、u_o 为纵轴的坐标纸上，用一条光滑的曲线连接这些点，该曲线就是上述电路的幅频特性曲线。

对图 2-63(a)中的电路列节点方程为

$$\left(\frac{2}{R}+\mathrm{j}2\omega C\right)\dot{U}_1-\frac{1}{R}\dot{U}_\mathrm{o}=\frac{1}{R}\dot{U}_\mathrm{i} \tag{2-23}$$

$$\left(\frac{2}{R}+\mathrm{j}2\omega C\right)\dot{U}_2-\mathrm{j}\omega C\,\dot{U}_\mathrm{o}=\mathrm{j}\omega C\,\dot{U}_\mathrm{i} \tag{2-24}$$

$$\left(\frac{1}{R}+\mathrm{j}\omega C\right)\dot{U}_\mathrm{o}-\mathrm{j}\omega C\,\dot{U}_2-\frac{1}{R}\dot{U}_1=0 \tag{2-25}$$

由式(2-25)可得

$$(1+\mathrm{j}\omega RC)\dot{U}_\mathrm{o}-\mathrm{j}\omega RC\,\dot{U}_2=\dot{U}_1 \tag{2-26}$$

将式(2-26)代入式(2-23)消去 $\dot{U}_1$,得

$$-2(1+\mathrm{j}\omega RC)\mathrm{j}\omega RC\,\dot{U}_2+[2\,(1+\mathrm{j}\omega RC)^2-1]\dot{U}_\mathrm{o}=\dot{U}_\mathrm{i} \tag{2-27}$$

将式(2-27)整理得

$$2(1+\mathrm{j}\omega RC)\dot{U}_2-\mathrm{j}\omega RC\,\dot{U}_\mathrm{o}=\mathrm{j}\omega RC\,\dot{U}_\mathrm{i} \tag{2-28}$$

联立求解式(2-27)、式(2-28),由行列式求得

$$\dot{U}_\mathrm{o}=\frac{\begin{vmatrix}-2(1+\mathrm{j}\omega RC)\mathrm{j}\omega RC & 1\\ 2(1+\mathrm{j}\omega RC) & \mathrm{j}\omega RC\end{vmatrix}}{\begin{vmatrix}-2(1+\mathrm{j}\omega RC)\mathrm{j}\omega RC & 2\,(1+\mathrm{j}\omega RC)^2-1\\ 2(1+\mathrm{j}\omega RC) & -\mathrm{j}\omega RC\end{vmatrix}}\dot{U}_\mathrm{i}$$

该电路的网络函数为

$$H(\mathrm{j}\omega)=\frac{\dot{U}_\mathrm{o}}{\dot{U}_\mathrm{i}}=\frac{1-\omega^2R^2C^2}{1-\omega^2R^2C^2+\mathrm{j}\omega 4RC}$$

当角频率 $\omega=\omega_0=\dfrac{1}{RC}$,即 $f=f_0=\dfrac{1}{2\pi RC}$ 时,$|H(\mathrm{j}\omega)|=\dfrac{U_\mathrm{o}}{U_\mathrm{i}}=0$,此时的 f_0 称为电路阻带中心频率。

由图 2-63(b)可见,RC 双 T 形网络电路具有带阻特性。

2.14.5　基础性实验任务及要求

1. RC 串并联网络电路幅频特性测试

按图 2-64 所示电路接线,取 $R=10$ kΩ,$C=0.1$ μF,用信号发生器作信号源,用示波器和交流毫伏表测量电路输出电压的幅频特性,将测量数据填入表 2-40 中。

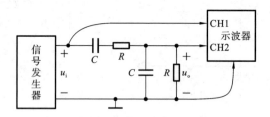

图 2-64　RC 串并联网络电路实验电路

表 2-40　RC 串并联网络电路幅频特性曲线的测量数据

$f/$kHz	$f_0=$		
$u_\mathrm{i}/$V			
$u_\mathrm{o}/$V			

2. RC 双 T 形网络电路幅频特性测试

将图 2-64 中的 RC 串并联网络电路换成 RC 双 T 形网络电路,取 $R=2\ \text{k}\Omega,C=0.01\ \mu\text{F}$,用信号发生器作信号源,用示波器和交流毫伏表测量电路输出电压的幅频特性,将测量数据填入表 2-41 中。

表 2-41 RC 双 T 形网络电路幅频特性曲线的测量数据

f/kHz	$f_0=$
u_i/V	
u_o/V	

2.14.6 实验步骤和方法

1. 实验内容 1 的步骤

(1) 按图 2-64 所示电路接线,用信号发生器产生的正弦信号作电路的输入信号,在保持输入电压有效值 $U_\text{i}=3\ \text{V}$ 不变的情况下,通过输入信号频率的变化,借助交流毫伏表和示波器获得电路的频率特性。

(2) 测量中心频率。调整输入信号的频率,用毫伏表检测电路的最大输出电压 U_om。这时,用示波器测试输出电压 u_o 与输入电压 u_i 的相位差 $\varphi=0°$,将测量数据填于表 2-39 中。

(3) 测量幅频特性。在中心频率 f_0 两侧调整输入信号的频率,用示波器或毫伏表检测输入信号频率的输出信号,将测量数据填于表 2-39 中。

(4) 在以 $\lg f$ 为横轴、u_o 为纵轴的坐标纸上用一条光滑的曲线将表 2-39 中的数据连接起来,该曲线就是电路的幅频特性曲线。在所做幅频特性曲线上标注电路的通带中心频率 f_0 和最大输出电压 U_om。

2. 实验内容 2 的步骤

将图 2-64 所示电路中的 RC 串并联网络电路换成 RC 双 T 形网络电路并接线,仿照实验内容 1 的步骤测量 RC 双 T 形网络电路的幅频特性,将测量数据填于表 2-40 中。

在以 $\lg f$ 为横轴、u_o 为纵轴的坐标纸上用一条光滑的曲线将表 2-40 中的数据连接起来,该曲线就是电路的幅频特性曲线。

2.14.7 实验注意事项

(1) 由于受信号源内阻的影响,输出幅度会随信号频率的变化而变化。因此,在调节输出频率时,应同时调节输出幅度,使实验电路输入的正弦波信号电压保持不变。

(2) 用示波器测量相位差时,在双通道接地的情况下(或信号未输入前),两条水平扫描线一定要重合在同一刻度线上;否则读数将不准确。

(3) 用交流毫伏表测量时,一定要选择适合的量程,不要用小量程测大电压。

2.14.8 思考题

(1) RC 串并联网络电路是什么滤波电路?

(2) RC 双 T 形网络电路是什么滤波电路?

2.14.9 实验报告要求

(1) 画出实验原理电路图,标上参数;说明实验步骤。

(2) 根据实验数据填写相应表格,完成各项计算;画出两网络的半对数的幅频特性曲线。

(3) 写出实验结论,总结测量电路频率特性的方法。

(4) 进行测量误差分析。

(5) 写出心得体会。

2.15 一阶电路的响应

2.15.1 实验目的

(1) 学习用示波器观察 RC 一阶电路的零输入响应、零状态响应及全响应。

(2) 学习 RC 一阶电路时间常数的测量方法。

(3) 掌握有关微分电路和积分电路的概念。

(4) 观察一阶电路在周期方波信号激励时的响应波形,掌握其规律和特点。

2.15.2 实验仪器及元器件

(1) 数字式存储示波器,1 台;

(2) 函数信号发生器,1 块;

(3) 电阻、电容元件,若干;

(4) 电路板,1 块。

2.15.3 预习要求

(1) 了解零输入响应、零状态响应的概念。

(2) 了解在用示波器观察零输入响应和零状态响应时,用什么信号作为激励源。

(3) 了解何为积分电路和微分电路,以及他们必须具备的条件;它们在方波序列脉冲的激励下,输出信号波形的变化规律,以及这两种电路的功用。

(4) 了解时间常数以及它在电路中的作用。

(5) 完成扩展实验的电路设计,计算时间常数,选取合适的电阻值;拟订测量方案。

(6) 明确实验要达到的目的、实验内容以及步骤和方法。

2.15.4 实验原理

1. 零输入响应和零状态响应的测量

动态网络的过渡过程是十分短暂的单次变化过程。要用普通示波器观察过渡过程和测量有关的参数,就必须使这种单次变化的过程重复出现。为此,利用信号发生器输出的方波来模拟阶跃激励信号,即利用方波输出的上升沿作为零状态响应的正阶跃激励信号,利用方波的下降沿作为零输入响应的负阶跃激励信号。只要选择方波的重复周期远大于电路的时间常数,那么电路在这样的方波序列脉冲信号的激励下,它的响应就和直流电接通与断开的过渡过程是基本相同的。

2. 时间常数的测量

如图 2-65 所示,RC 一阶电路的零输入响应和零状态响应分别按指数规律衰减和增长,其变化的速度决定于时间常数。

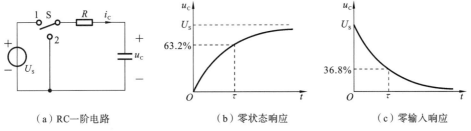

（a）RC一阶电路　　　　　　（b）零状态响应　　　　　　（c）零输入响应

图 2-65　RC 一阶电路的时间常数

RC 一阶电路充放电的时间常数 τ 可以从响应波形中估算出来。设时间单位 t 确定,对于充电曲线来说,幅值上升到终值的 63.2 % 时所对应的时间即为一个 τ,如图 2-65(b)所示。对于放电曲线,幅值下降到初始值的 36.8 % 时所对应的时间即为一个 τ,如图 2-65(c)所示。

3. 微分电路

微分电路是 RC 一阶电路中较典型的电路,考虑如图 2-66(a)所示电路,根据 KVL 有

$$u_i = u_C + u_o$$

当 $u_o \ll u_C$ 时,$u_i \approx u_C$,所以

$$u_o = Ri_C = RC \frac{\mathrm{d}u_C}{\mathrm{d}t} \approx RC \frac{\mathrm{d}u_i}{\mathrm{d}t}$$

为使 $u_o \ll u_C$,必有 $Ri_C \ll \frac{1}{C}\int i_C \mathrm{d}t$。故 $\tau = RC$ 必须要很小。在这种情况下,图 2-66(a)所示电路就称为微分电路,电路中各电压波形如图 2-66(b)所示。

可见,对于一个简单的 RC 串联电路,在方波序列脉冲的重复激励下,满足 $\tau \ll T/2$（T 为方波脉冲的重复周期）且由 R 两端的电压作为响应输出时,其就是一个微分电路。因为此时电路的输出电压与输入电压的微分成正比。如图 2-66 所示,利用微分电路可以将方波脉冲转变成尖脉冲。

4. 积分电路

将图 2-66(a)中的 R 与 C 的位置调换一下,结果如图 2-67(a)所示,由 C 两端的电压作为响应输出,根据 KVL,有

$$u_i = u_R + u_o$$

当 $u_o \ll u_R$ 时,$u_i \approx u_R$,所以

$$u_o = \frac{1}{C}\int i_C \mathrm{d}t = \frac{1}{RC}\int u_R \mathrm{d}t \approx \frac{1}{RC}\int u_i \mathrm{d}t$$

为使 $u_o \ll u_R$,必有 $\frac{1}{C}\int i_C \mathrm{d}t \ll Ri_C$,故 $\tau = RC$ 必须要很大。

在这种情况下,图 2-67(a)所示的电路就称为积分电路,电路中各电压波形如图 2-67(b)所示。

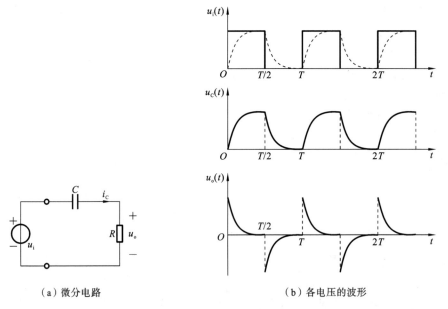

（a）微分电路　　　　　　　（b）各电压的波形

图 2-66　微分电路及响应波形

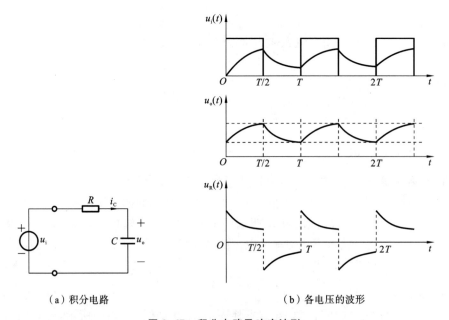

（a）积分电路　　　　　　　（b）各电压的波形

图 2-67　积分电路及响应波形

可见，当电路的参数满足 $\tau \gg T/2$ 时，图 2-67(a) 所示的 RC 电路就称为积分电路。因此，此时电路的输出电压与输入电压的积分成正比。利用积分电路可以将方波转变成三角波。

从输入/输出波形来看，上述两个电路均起着波形变换的作用，请在实验过程中仔细观察与记录。

2.15.5　基础性实验任务及要求

研究 RC 电路的方波响应，实验电路如图 2-68 所示。选取：$T=1$ ms，$f=1$ kHz，

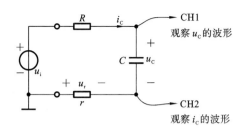

图 2-68 RC 一阶电路的实验电路

$C=0.1~\mu\mathrm{F}, r=50~\Omega$。

$u_i(t)$ 为方波信号发生器产生的周期为 T 的信号的电压。r 为电流取样电阻。选取方波电源 $U_{PP}=4~\mathrm{V}$，偏移量为 $2~\mathrm{V}$，频率为 $1~\mathrm{kHz}$，请观察并描绘 $u_C(t)$ 和 $i_C(t)$ 的波形。

(1) 当 $R=500~\Omega$ 时，观察 $u_C(t)$ 和 $i_C(t)$ 如何变化，测量时间常数并作记录。

(2) 当 R 分别为 $1~\mathrm{k}\Omega$、$5~\mathrm{k}\Omega$、$10~\mathrm{k}\Omega$ 时，观察 $u_C(t)$ 和 $i_C(t)$ 如何变化，并作记录。

2.15.6 扩展实验

设计一个微分器电路，对于频率为 $f=1~\mathrm{kHz}$ 的方波信号的微分输出满足：

(1) 尖脉冲的幅度大于 $1~\mathrm{V}$；

(2) 脉冲衰减到零的时间 $t<T/10$。电容值选 $C=0.1~\mu\mathrm{F}$ 时 R 取值范围。

2.15.7 实验步骤和方法

(1) 每改变一次 R 的值，记录 $u_C(t)$ 和 $i_C(t)$ 的波形；观察时间常数对输出电压波形的影响，从而进一步理解积分电路的作用。

(2) 设计出扩展实验的微分电路，选取参数。

(3) 按所设计的微分电路接线，用示波器观察和测量输出电压波形；检验是否满足设计要求。若不满足要求，则找出原因，修改参数，再进行实验。

2.15.8 实验注意事项

(1) 调节电子仪器各旋钮时，动作不要过快、过猛。实验前，需认真阅读双踪示波器的使用说明书。观察双踪示波器时，要特别注意相应开关、旋钮的操作与调节。

(2) 信号源的接地端与双踪示波器的接地端要连在一起（称共地），以防外界干扰影响测量的准确性。

2.15.9 思考题

(1) 对于积分电路，根据测量波形分析时间常数对波形的影响。

(2) 对于微分电路，尖脉冲宽度与时间常数有关吗？

2.15.10 实验报告要求

(1) 画出实验原理电路图，标上参数，说明实验步骤。

(2) 根据示波器显示画出各种 RC 电路的响应波形，并加以比较。

（3）根据实验观测结果,归纳、总结积分电路和微分电路的形成条件,阐明波形变换的特征,以及实验结论。

（4）进行测量误差分析。

（5）写出心得体会。

2.16 二阶电路的响应

2.16.1 实验目的

（1）观察、分析二阶电路响应的三种过渡过程曲线及特点,以加深对二阶电路响应的认识和理解。

（2）观测二阶动态电路的零状态响应和零输入响应,了解电路元件参数对响应的影响。

（3）学习欠阻尼响应波形的衰减振荡频率 ω_d 和衰减系数 α 的测量。

2.16.2 实验仪器及元器件

（1）数字式存储示波器,1 台;

（2）函数信号发生器,1 块;

（3）10 kΩ 可调电阻一个,10 mH 电感一个,0.01 μF、5600 pF、2200 pF 电容各 1个;

（4）电路板,1 块。

2.16.3 预习要求

（1）了解二阶电路及 RLC 串联电路的零输入响应和零状态响应的求解方法。

（2）了解 RLC 串联电路的零输入响应的形式及判别方法。

（3）了解 RLC 串联电路的零输入响应原属于临界情况。改变 R 的数值,电路的响应将如何改变并说明原因。

（4）思考读取峰值时什么参数要根据零输入响应曲线来确定。

2.16.4 实验原理与说明

1. 电路过渡过程的性质

对于 RLC 串联电路,无论是零输入响应,还是零状态响应,电路过渡过程的性质完全由特征方程

$$LCp^2 + RCp + 1 = 0$$

的特征根

$$p_{1,2} = -\frac{R}{2L} \pm \sqrt{\left(\frac{R}{2L}\right)^2 - \left(\frac{1}{LC}\right)^2} = -\alpha \pm \sqrt{\alpha^2 - \omega_0^2} = -\alpha \pm j\omega_d$$

来决定。式中:$\alpha = \frac{R}{2L}$ 称为衰减系数;$\omega_0 = \frac{1}{\sqrt{LC}}$ 称为谐振频率;$\omega_d = \sqrt{\omega_0^2 - \alpha^2}$ 称为衰减振荡频率。

（1）如果 $R>2\sqrt{\dfrac{L}{C}}$，则 $p_{1,2}$ 为两个不相等的负实根，电路过渡过程的性质为过阻尼的非振荡过程。

（2）如果 $R=2\sqrt{\dfrac{L}{C}}$，则 $p_{1,2}$ 为两个相等的负实根，电路过渡过程的性质为临界阻尼的非振荡过程。

（3）如果 $R<2\sqrt{\dfrac{L}{C}}$，则 $p_{1,2}$ 为一对共轭复根，电路过渡过程的性质为欠阻尼的振荡过程。

改变电路参数 R、L 或 C，均可使电路发生上述三种不同性质的变化过程。

2. 从能量变化的角度来说明

由于 RLC 电路中存在着两种不同性质的储能元件，因此它的过渡过程就不仅是单纯的积累能量和放出能量，还可能发生电容的电场能量和电感的磁场能量互相反复交换的过程，这一点决定于电路参数。当电阻比较小时（该电阻应是电感线圈本身的电阻和回路中其余部分的电阻之和），电阻上消耗的能量较小，而 L 和 C 之间的能量交换占主导位置，所以电路中的电流表现为振荡过程；当电阻较大时，能量来不及交换就在电阻中消耗掉了，使电路只发生单纯的积累或放出能量的过程，即非振荡过程。

3. 振荡的性质

在电路发生振荡过程时，其振荡的性质也可分为以下三种情况。

（1）衰减振荡：电路中电压或电流的振荡幅度按指数规律逐渐减小，最后衰减到零。

（2）等幅振荡：电路中电压或电流的振荡幅度保持不变，相当于电路中电阻为零，振荡过程不消耗能量。

（3）增幅振荡：此时电压或电流的振荡幅度按指数规律逐渐增加，相当于电路中存在负值电阻，振荡过程中逐渐得到能量补充。

4. RLC 二阶电路瞬态响应的各种形式与对应条件

（1）$R>2\sqrt{\dfrac{L}{C}}$ 时为非振荡阻尼过程；

（2）$R=2\sqrt{\dfrac{L}{C}}$ 时为非振荡临界阻尼过程；

（3）$R<2\sqrt{\dfrac{L}{C}}$ 时为衰减振荡状态；

（4）$R=0$ 时为等幅振荡状态；

（5）$R<0$ 时为增幅振荡状态。

必须注意，要实现最后两种状态，电路中需接入负电阻元件。

5. 衰减振荡频率 ω_d 和衰减系数 α 的测量

无论是零输入响应，还是零状态响应，电路响应 α、ω_d 是相同的。现以零输入响应来分析。如图 2-69 所示的零输入响应波形中，$T_d=t_2-t_1$，有

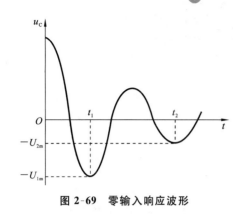

图 2-69 零输入响应波形

$$\omega_d = \frac{2\pi}{T_d}$$

由于 $u_C = Ae^{-\alpha t}\sin(\omega t + \beta)$，而峰值时 $\sin(\omega t + \beta) = \pm 1$，故

$$-U_{1m} = Ae^{-\alpha t_1}, \quad -U_{2m} = Ae^{-\alpha t_2}$$

得

$$\frac{U_{1m}}{U_{2m}} = e^{\alpha(t_2 - t_1)}$$

所以

$$\alpha = \frac{1}{T_d}\ln\frac{U_{1m}}{U_{2m}}$$

2.16.5 基础性实验任务及要求

（1）RLC 串联电路的实验原理图如图 2-70 所示。调节可调电阻 R_L，观察并记录 $u_S(t)$、$u_C(t)$ 的零输入响应、零状态响应。

选取 $f = 500$ Hz；$R_L = 10$ kΩ（可调）；$C = 5600$ pF、0.01 μF；$L = 10$ mH。

（2）在欠阻尼情况下，当 R_L、L 不变，改变 C 的值，观察 $u_C(t)$ 的变化趋势。当 L、C 不变，改变 R_L，观察衰减速度、振荡幅度。改变 C，观察振荡频率等。将测量参数填入表 2-42 中并画出波形图。

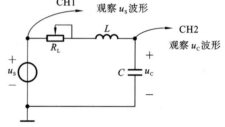

图 2-70 二阶实验电路

表 2-42 二阶实验电路测量参数

电路参数实验次数	元件参数				u_C 测量值					u_C 理论值		
	R_L /kΩ	$R' = 2\sqrt{\frac{L}{C}}$	L	C	T_d /us	U_{1m} /V	U_{2m} /V	α	ω_d /(rad/s)	α	ω_d /(rad/s)	ω_0 /(rad/s)
1			10 mH	0.01 μF								
2			10 mH	5600 pF								
3			10 mH	5600 pF								

注：R_L 取值应小于等于 $R'/4$，电阻越小振荡越强烈，用示波器越容易观察记录。

2.16.6 扩展实验

扩展实验电路如图 2-71 所示，当改变可调电阻 R_L 时，观察 r 上的波形。

2.16.7 实验步骤和方法

1. 基础实验的步骤

（1）信号发生器：选择方波，$f = 500$ Hz 的信号。电压幅值 5 V，直流电平（偏移量 offset）5 V。

（2）示波器设置为 DC 耦合。信号发生器、示波器与 RLC 串联电路按图 2-70 所示的电路接线。

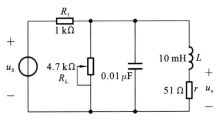

图 2-71 扩展实验电路

（3）改变 R_L 的数值,使电路分别处于过阻尼、临界阻尼、欠阻尼状态,观察并描绘出 $u_S(t)$ 和 $u_C(t)$ 的波形。

2. 扩展实验的步骤

（1）在欠阻尼情况下,继续改变 R_L,观察 $u_C(t)$ 波形中 R_L 对衰减系数 α 的影响。

（2）在欠阻尼情况下,改变 C,观察 $u_C(t)$ 波形中 C 对衰减振荡频率 ω_d 的影响。

（3）按表 2-42 中的要求, R_L 分别取值为

$$R_L = \frac{R'}{4}, \quad R_L = \frac{R'}{5}, \quad R_L = \frac{R'}{7}$$

观察仿真与实验波形,并作记录。

例如,计算 R 值。当 $L=10$ mH, $C=5600$ pF 时,取 $R_L = \frac{R'}{4}$,由于临界电阻为

$$R' = 2\sqrt{\frac{10 \times 10^{-3}}{5600 \times 10^{-12}}} \approx 2.67 \text{ k}\Omega$$

则

$$R_L = \frac{R'}{4} \approx 0.67 \text{ k}\Omega$$

计算 α 及 ω_d 如下:

$$\alpha = \frac{R_L}{2L} = \frac{670}{2 \times 0.01} = 33500$$

$$\omega_0 = \frac{1}{\sqrt{LC}} = \frac{1}{\sqrt{0.01 \times 5600 \times 10^{-12}}} \text{ rad/s} \approx 1.34 \times 10^5 \text{ rad/s}$$

$$\omega_d = \sqrt{\omega_0^2 - \alpha^2} = \sqrt{(1.34 \times 10^5)^2 - 33500^2} \text{ rad/s} = 1.3 \times 10^5 \text{ rad/s}$$

2.16.8 实验注意事项

（1）调节 R_L 时,要细心、缓慢,临界阻尼要找准。

（2）整个实验过程中,信号发生器中方波的频率可以改变。

（3）用示波器的两个输入通道同时进行观察时,要准确读取峰值。

2.16.9 思考题

（1）在 RLC 串联电路中,在 R_L 可调范围内,零输入响应均属于欠阻尼情况。试说明增大或减小 R_L 的数值,对衰减系数 α 和振荡角频率 ω_d 各有什么影响?

（2）RLC 串联电路的衰减系数 α 及固有频率 ω_0 与信号源有无关系?

（3）RLC 串联电路的衰减系数 α 和振荡角频率 ω_d 与哪些电路参数有关?

2.16.10　实验报告要求

（1）画出实验原理电路图，标上参数。

（2）根据观测结果，在方格纸上描绘二阶电路过阻尼、临界阻尼和欠阻尼的响应波形。

（3）计算欠阻尼振荡曲线上的衰减系数和衰减振荡频率。

（4）进行测量误差分析。

（5）归纳、总结电路元件参数的改变对响应变化趋势的影响。

（6）写出心得体会。

2.17　常用仪器的使用

2.17.1　实验目的

（1）掌握用示波器测量电压、电流、相位等基本电量的方法。

（2）掌握信号发生器、示波器的使用方法。

（3）验证 RC 支路电流与电压相位之间的关系。

2.17.2　实验设备

（1）数字存储示波器，1 台；

（2）任意波形信号发生器，1 块；

（3）电阻、电容元件，若干；

（4）电路板，1 块。

2.17.3　预习要求

（1）仔细阅读信号发生器和示波器的使用说明。

（2）了解示波器校准的方法。

（3）了解示波器屏幕上显示的信号波形的幅度调节方法。

（4）了解占空比的含义并用函数信号发生器输出一个占空比为 1∶2 的方波信号方法。

（5）了解用示波器测量电流的方法及取样电阻的作用。

（6）明确实验要达到的目的、实验内容以及步骤和方法。

2.17.4　实验原理

信号发生器主要作为研究电路的频率特性和其他特性时所需要的信号源，信号源是测量系统中不可缺少的重要组成部分，一些电参数只有在一定的电信号的作用下才能表现出来。一般信号发生器能直接产生正弦波、三角波、方波、锯齿波和脉冲波等波形。本实验采用 TFG6920A 系列函数/任意波形发生器，说明见附录 A。

示波器的最大特点是能将抽象的电信号和电信号的产生过程转变成具体的可见的图像，以便于人们对信号和电路特性进行定性分析和定量测量，如信号的幅度、周期、频率、脉冲宽度及同频信号的相位。本实验采用 TBS1102B-EDU 数字存储示波器，说明见附录 B。

1. 信号电压的测量

用示波器测量电压的方法有 Measure(测量)、Cursor(光标)两种方法。

值得注意的是,测量对象是交流电压时,输入耦合方式应选择"AC";测量对象是直流电压时,输入耦合方式应选择"DC"。

2. 信号电流的测量

用示波器不能直接测量电流。若要用示波器观测某支路的电流,一般是在该支路中串入一个采样电阻,如图 2-72 所示的电阻 r。当电路中的电流流过电阻 r 时,在 r 两端得到的电压与 r 中的电流波形完全一样,测出 u_r 就得到了该支路的电流,即

$$i = \frac{u_r}{r}$$

3. 时间的测量

信号时间的测量有 Measure(测量)、Cursor(光标)两种方法。

4. 相位差的测量

相位差的测量有 Measure(测量)、Cursor(光标)两种方法。如果采用光标,实际测量的是时间,要进行如下换算。如图 2-73 所示,将两个频率相同的信号接入示波器的两个输入端 CH1 和 CH2,通过光标读出 L_1、L_2 数值,则它们的相位差为

$$\varphi = \frac{360^\circ}{L_2} \cdot L_1$$

式中,φ 的单位为度(°)。

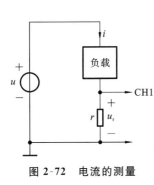

图 2-72 电流的测量   图 2-73 相位差的测量

2.17.5 实验内容

(1) 使用 CH1 通道对示波器本身提供的校准信号自检。

用 TBS1102B-EDU 数字存储示波器校准 $U_{pp}=5$ V、$f=1$ kHz 的方波信号,连接自检信号,将测量参数填入表 2-43。

表 2-43 实验数据一

参　　数	校准值	实测值
峰峰值/V		
频率/kHz		

（2）分别用示波器与万用表测量函数信号发生器输出电压 $U_{pp}=5$ V 的不同频率的正弦波信号，并记录在表 2-44 中。

表 2-44 实验数据二

信号源频率	信号源电压 U_{pp}/V	万用表测量 U/V	万用表测量 U_{pp}/V	示波器测量 U_{pp}/V
100/Hz				
1/kHz				
10/kHz				
100/kHz				

（3）用信号发生器输出频率 $f=1$ kHz、电压 $U_{pp}=4$ V 的方波信号，如图 2-74 所示。分别用示波器的不同测量法测量数据并记录在表 2-45 中。

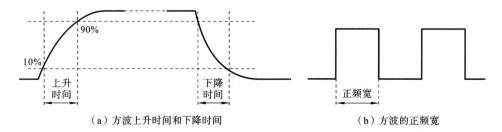

（a）方波上升时间和下降时间　　　　　　　（b）方波的正频宽

图 2-74 方波的上升时间、下降时间及正频宽

表 2-45 实验数据三

参　　数	信号源标称值	示波器自动测量值	示波器光标测量值
电压 U_{pp}/V			
频率 f/kHz			
周期 T/ms			
上升时间/μs			
下降时间/μs			
正频宽/ms			

（4）用电容和电阻组成一个串联电路，如图 2-75 所示，在输入端加以正弦信号，频率为 1000 Hz，电压为 $U_{pp}=2$ V，用示波器同时观测并记录输入信号 u_i 和电阻 u_R 的电

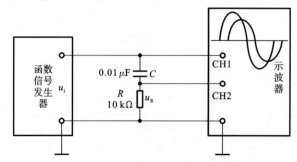

图 2-75 RC 支路伏安关系的测量

压波形,并比较两者之间的相位关系。将读数填入表 2-46 中,并与理论值进行比较。

表 2-46 实验数据四

参数	测量值			理论值	
	峰峰值/V	相位/(°)	超前或滞后	峰峰值/V	相位/(°)
u_i					
u_R					

2.17.6 实验步骤和方法

(1) 实验内容(1)至(3)的实验中,读取数据和获得测量值的转换方法见 §2.16.4 实验原理。

(2) 实验内容(4)的电路中,测量相位差时,要从示波器看出何者超前。

2.17.7 实验注意事项

(1) 测量时,信号发生器作为信号源,示波器作为测量仪器,它们的公共端必须与电路中的"⊥"端接在一起。

(2) 测量时,应注意 u_i 大小的选择,保证测出的波形不失真,且不损坏元件。

(3) 实验前应对 RC 串联电路进行理论计算,以便与测量结果进行比较。

(4) 电路接线完、经检查无误后才可接通信号源,改接或拆线时应先断开信号源。

2.17.8 实验报告要求

(1) 画出实验原理电路图,标上参数。

(2) 写出实验内容和步骤、各种理论计算值及实验测得的数据。

(3) 写出实验结论。

(4) 进行测量误差分析。

(5) 写出心得体会。

3

EWB电路仿真软件快速入门

　　EWB 是 Electronics Workbench(电子工作平台)的简称,是加拿大 Interactive Image Technologies 公司于 1988 年推出的一款电子设计、电路仿真软件,其采用原理图输入方式。软件为设计者提供了各种常用的电子元器件、测量仪器和分析工具,是目前应用较广泛的一种 EDA 软件。

3.1　EWB 的元器件

3.1.1　EWB 的主窗口

　　点击图标 就会出现如图 3-1 所示的 EWB 启动窗口。

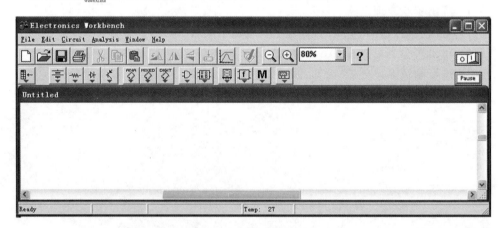

图 3-1　EWB 启动窗口

　　(1) 菜单条:包含 File、Edit、Circuit、Analysis、Window 和 Help 6 个下拉式菜单,每个菜单的主要功能介绍如下。

　　File:包括创建新文件、打开文件、保存文件、导入/导出文件、打印设置与打印等功能。

　　Edit:包括对图中的元件进行剪切、拷贝、粘贴、删除功能,并可将整个电路图拷贝为 bmp 图形输出。

　　Circuit:对图中各元件的摆放位置进行各种调整、旋转,对元件参数的显示方式进行调整。

Analysis:EWB 的所有电路分析功能都集中在此菜单下,下文将对其主要功能进行介绍。

Window:对界面的显示方式进行调整。

Help:EWB 的联机帮助。

(2)工具栏:提供一些常用功能的快捷键,每个快捷键都和菜单条中的某一项相对应,它们的功能是完全一样的。

(3)元件库:包含了 EWB 软件所能提供的所有元件,用以进行分析的电路图就是由这些元件库中的合适元件连接而成的。最左端的一个元件库是用户定制的,用户可以将一些常用元件放置其中,再次使用时就不必到其他元件库中去逐个寻找。方法是在 EWB 提供的元件库中找出想要的元件,鼠标放置其上按右键,选中 Add to Favorites,此元件就被加入到最左端的"Favorites"元件库中了。

(4)图形显示区域:用户在此区域内编辑用以进行分析的电路图。

3.1.2 元器件库

EWB 有 12 个元器件库,分别是电源库、基本元件库、二极管库、晶体管库、模拟集成电路库、混合集成电路库、数字集成电路库、逻辑门库、数字器件库、指示器件库、控制器件库和其他器件库,如图 3-2 所示。

图 3-2 EWB 的元器件库

(1)电源库:包括地、直流电压源、直流电流源、交流电压源、交流电流源、电压控制电压源、电压控制电流源、电流控制电压源、电流控制电流源、Vcc、Vdd、时钟、AM、FM、压控正弦波、压控三角波、压控方波、压控单稳态脉冲、分段线性源、压控分段线性源、频移键控源、多项式源和非线性受控源,各器件的图标如图 3-3 所示。

图 3-3 电源库图标

(2)基本元件库:包括连接点、电阻、电容、电感、变压器、继电器、开关、时延开关、压控开关、电流控制开关、上拉电阻、可变电阻、排电阻、压控模拟开关、极性电容、可变电容、可变电感、无芯线圈、磁芯线圈和非线性变压器,各元件的图标如图 3-4 所示。

图 3-4　基本元件库图标

（3）二极管库：包括普通二极管、稳压二极管、发光二极管、整流桥、肖特基二极管、可控硅二极管、双向稳压二极管和双向可控硅二极管，各二极管的图标如图 3-5 所示。

图 3-5　二极管库图标

（4）指示器件库：包括电压表、电流表、灯泡、逻辑指示探针、七段数码显示器、译码显示器、蜂鸣器、条码显示器和译码条码显示器，各器件的图标如图 3-6 所示。

图 3-6　指示器件库图标

所谓元器件的放置，就是用鼠标单击某一元件库的图标，然后在展开的元件库中选择所需元器件，用鼠标将该元器件拖至工作区。

3.1.3　元器件属性的设置

用鼠标双击需要进行属性设置的元器件，即会出现元器件属性的设置对话框，可在对话框中进行属性设置。如设置电容的容值为 2 μF，标号设为 C2。双击电容"$\overset{1\mu F}{\dashv\vdash}$"出现电容属性设置对话框，如图 3-7 所示，在 Value 标签下的 Capacitance(C)框中输入 2，在单位框中选择单位。图 3-8 所示的是电容标号的设置：在 Label 标签下的 Label 框中输入 C2 即可。其他元器件的设置也可按此方法进行。

图 3-7　元器件参数设置

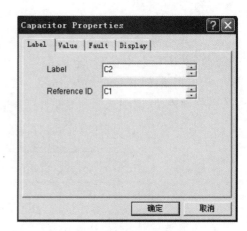

图 3-8　元器件标识设置

3.1.4 元器件位置与方向的调整

1. 位置调整

用鼠标单击元器件,拖动鼠标至合适位置即可。

2. 方向调整

用鼠标选中某一个或多个元器件,用鼠标单击工具栏中的 ⊿⍀ ⌁ ◁ 按钮(分别为旋转按钮、水平按钮、垂直按钮)就可调整元器件方向。

3.1.5 元器件的连接

将光标移近某个元器件的连接点时,该连接点处会出现一个黑点,此时按住鼠标左键,再移动光标到另一个元器件的连接点上,则在此连接点处会出现另一个黑点,这时放开鼠标,两个连接点就连好了。

3.2 EWB 的虚拟仪器

与实物实验室一样,电子测试仪器仪表也是 EWB 虚拟实验室的基本设备。EWB 提供了种类齐全的测试仪器仪表,这些仪器仪表包括交/直流电压表、交/直流电流表、

图 3-9 虚拟仪器图标

万用表、信号发生器、示波器、频率特性仪、数字符发生器、逻辑分析仪、逻辑转换器等。这些仪器仪表中的交/直流电压表和交/直流电流表(在指示器件库中),可以像一般元器件一样,不受数量限制,在同一个工作台面上可以同时提供多台使用;其他仪器在工具栏🔲中,只能提供一台使用。工具栏中的🔲按钮是仪器库的调用按钮,用鼠标点击后即可出现展开的仪器库按钮图标,如图 3-9 所示,用鼠标选中所需仪器,再用鼠标将该元器件拖至工作区即可使用。

3.2.1 交/直流电压表、交/直流电流表

1. 电压/电流表的调出

从工具栏🔲中调出电压/电流表,用鼠标将该表拖至工作区,如图 3-10 所示。

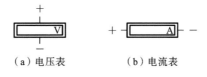

（a）电压表　　　（b）电流表

图 3-10 电压表和电流表图标

2. 电压/电流表的属性设置

交/直流设置及内阻设置如图 3-11 所示。Value 栏中的 Resistance(R)是内阻设置,一般电压表取大电阻,电流表取小电阻。

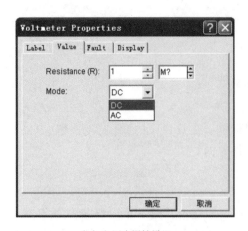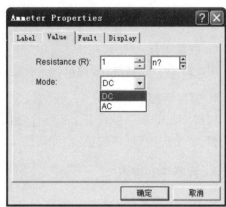

（a）电压表属性设置   （b）电流表属性设置

图 3-11　电压表和电流表的属性设置

3.2.2　万用表

　　万用表（multimeter）是一种可自动调整量程的数字显示测量结果的多用表，它可以用来测量交/直流电压、交/直流电流、电阻及电路中两点之间的分贝损耗，其图标及面板如图 3-12 所示。

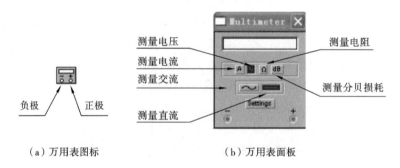

（a）万用表图标   （b）万用表面板

图 3-12　万用表的图标和面板

3.2.3　信号发生器

　　信号发生器（function generator）是一种电压信号源，可提供正弦波、三角波、方波三种不同波形的信号。

　　双击信号发生器的图标，可设定信号发生器的输出波形、工作频率、占空比、幅度和直流偏置。频率设置范围为 1 Hz～999 MHz；占空比调整值范围为 1％～99％；幅度设置范围为 1 V～999 kV；直流偏置设置范围为－999 kV～999 kV。信号发生器共有三个连接点：正极、负极和公共端，一般采用正极与公共端或者负极与公共端为输出的连接方式，其图标及面板如图 3-13 所示。

3.2.4　示波器

　　示波器（oscilloscope）用来显示和测量电信号波的形状、大小、频率等，其图标及面板如图 3-14 所示。

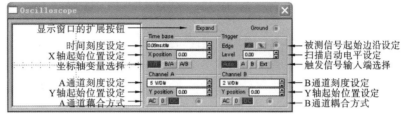

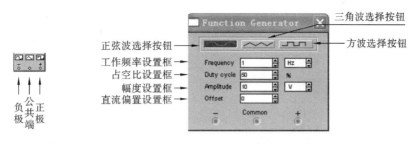

（a）信号发生器图标　　　　　　　　（b）信号发生器面板

图 3-13　信号发生器的图标和面板

（a）示波器图标　　　　　　　　　　（b）示波器面板

图 3-14　示波器的图标和面板

1. 时基的设置

Time base 用来设置 X 轴时间基线扫描速度，调节范围为 0.10 ns/div～1 s/div。

显示方式选择：示波器的显示方式可以在"幅度/时间（Y/T）""A 通道/B 通道（A/B）"或"B 通道/A 通道（B/A）"之间选择，其中 Y/T 方式表示 X 轴显示时间，Y 轴显示电压值，A/B、B/A 方式表示 X 轴与 Y 轴都显示电压值，如显示李沙育图形、伏安特性、传输特性等。

2. 输入通道的设置

Y 轴电压刻度调节范围为 10 μV/div～5 kV/div，应根据输入信号大小来选择 Y 轴刻度值的大小，使信号波形在示波器显示屏上显示出合适的幅度。

Y 轴输入方式即信号输入的耦合方式与实际的示波器相同。

3. 显示窗口的扩展

用鼠标单击面板上的 Expand 按钮，示波器显示屏扩展，并将控制面板移到显示屏下方，要显示波形读数的精确值时，可将垂直光标拖到需要读取数据的位置，在显示屏幕下方的方框内，显示光标与波形垂直相交处的时间和电压值，以及两点之间时间、电压的差值。

用鼠标点击面板右下角处的 Reduce 按钮，可缩小示波器面板至原来大小；用鼠标点击 Reverse 按钮可改变示波器屏幕的背景颜色；用鼠标点击 Save 按钮可按 ASCII 码格式存储波形读数。

3.2.5　频率特性仪

频率特性仪（bode plotter，亦称波特仪）用来测量和显示电路的幅频特性和相频特性，工作频率在 0.001 Hz～10 GHz 范围内。频率特性仪有 IN 和 OUT 两对端口，

V＋和 V－分别接电路输入端或输出端的正端和地。使用频率特性仪时，必须在电路的输入端接入交流信号源。其图标和面板如图 3-15 所示。

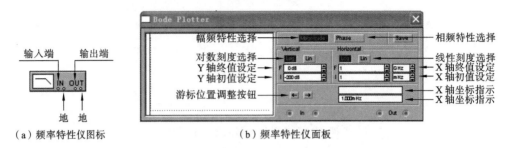

（a）频率特性仪图标　　　　（b）频率特性仪面板

图 3-15　频率特性仪的图标和面板

3.3　EWB 的基本分析方法

EWB 的 Analysis 菜单可以实现对所编辑的电路进行电路分析类型设置、调用仿真运行程序等。下面简要介绍电路仿真实验中的常用命令。

3.3.1　直流工作点分析

直流工作点分析是对电路进行进一步分析的基础。在分析直流工作点之前，要选择 Circuit 菜单下 Schematic Option 中的 Show node（显示节点）项，以便把电路的节点号显示在电路上。

如图 3-16(a)所示的电路中，EWB 用节点法计算的结果用弹出的图表显示（见图 3-16(b)），与理论计算值相同。

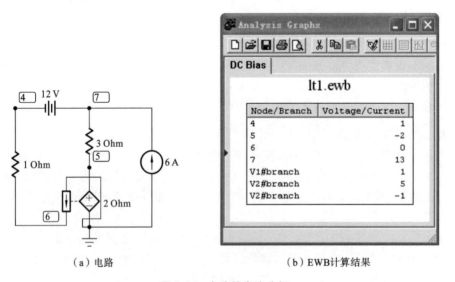

（a）电路　　　　　　　　（b）EWB计算结果

图 3-16　电路的直流分析

3.3.2　交流频率分析

交流频率分析即分析电路的频率特性，需先选定被分析的电路的节点。在分析时，电路的直流源将自动置零,交流信号源、电容、电感等均处于交流模式,输入信号也设定为正弦波形式。如图 3-17 所示的 RLC 串联电路,创建电路后,执行 AC Frequency Analysis 命令弹出的对话框如图 3-18 所示。其中,Sweep type 提供 3 种不同的 AC 扫描方式,选中 Linear 表示直线扫描;选择好开始频率、终止频率、扫描点数。Vertical scale 表示输出图形纵坐标标

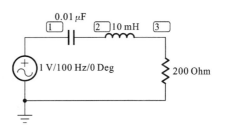

图 3-17 RLC 串联电路

尺,最后选择要分析的节点。单击 Simulate 按钮即可弹出 EWB 计算绘制的频率特性图表,如图 3-19 所示。

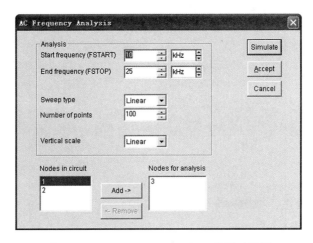

图 **3-18** AC Frequency Analysis 设置对话框

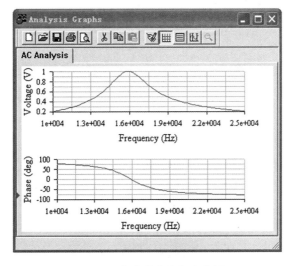

图 **3-19** 电路的交流频率分析

3.3.3 瞬态分析

瞬态分析即观察所选定的节点在整个显示周期中每一时刻的电压波形。在进行瞬

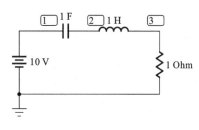

图 3-20 RLC 串联电路

态分析时,直流电源保持常数,交流信号源随着时间的改变而改变,电容和电感都是储能元件。如图 3-20 所示的 RLC 串联电路,创建电路后,执行 Transient Analysis 命令,弹出的对话框如图 3-21 所示。其中包括,提供 3 种初始值,选择好开始时间、终止时间、步长,最后选择要分析的节点。单击 Simulate 按钮即可弹出 EWB 计算绘制的瞬态响应图,如图 3-22 所示。

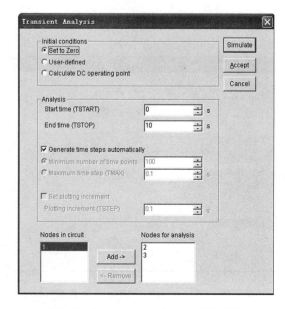

图 3-21 Transient Analysis 设置对话框

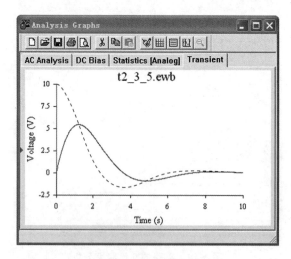

图 3-22 电路的瞬态分析

3.3.4 参数扫描分析

用参数扫描方法分析电路,可以观察某元件参数在一定范围内变化时对电路特性的影响,如采用图 3-20 的 RLC 串联电路,选择菜单命令 Analysis 下的 Parameter Sweep,弹出的对话框如图 3-23 所示。选择好要改变的参数,本例选择改变电阻 R, R 的变化范围选 0.5～1.5 Ω,扫描方式选线性,增量选 0.5 Ω。最后选择要分析的节点。单击 Simulate 按钮即可弹出 EWB 计算绘制的瞬态响应图,如图 3-24 所示。

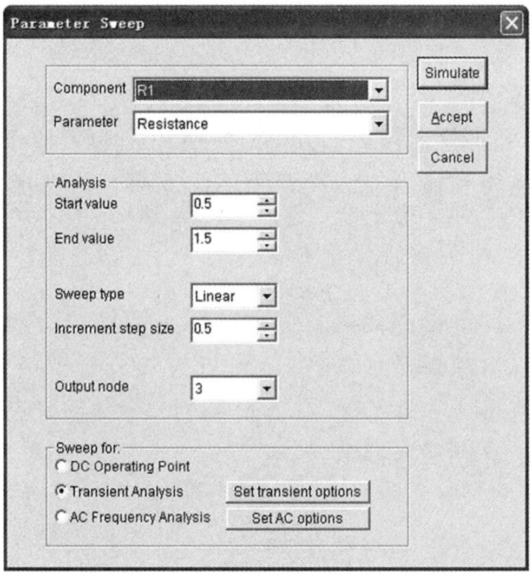

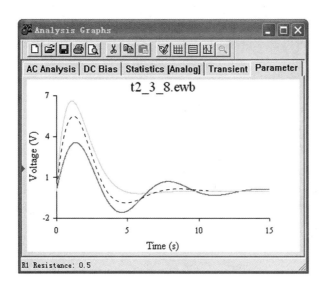

图 3-23　Parameter Sweep 对话框

图 3-24　电路 R 变化时的瞬态分析

3.4　EWB 应用举例

使用 EWB 对电路分析和仿真的步骤如下。

1. 放置器件,并调整其位置和方向

打开相应元器件库,将所需元器件拖曳到电路工作区中即可完成元器件的调用。通过移动和旋转元器件进行布局调整。

2. 线路连接

元器件布局结束以后就可进行线路连接。注意在必要的位置放置连接点。

3. 设置元器件标识和数值

双击电路元器件图形符号,会弹出属性设置对话框,在对话框中设置标识和数值。通过元器件属性设置对话框中的其他选项卡,还可以改变元器件的标签、显示模式,以及给元器件设置故障等。

4. 连接仪器、电路存盘

电路图设计完毕就可将仪器接入,以供实验使用。为了便于仪器的波形识别与读数,通常将仪器的输入连线和输出连线设置为不同的颜色。选择好保存路径,输入电路图的文件名并存盘。

5. 运行 EWB 仿真

打开文件,用鼠标左键单击主窗口右上角的开关图标,软件自动开始运行 EWB 仿真软件,系统将自动把分析结果显示在各仪器、仪表和分析图(Display Graphs)上。如果要暂停仿真操作,用鼠标单击主窗口右上角的暂停图标,可以实现暂停/恢复操作。如果电路中有错误,屏幕将提示错误信息。

6. 查看分析结果

EWB 中查看分析结果有以下两种方法。

(1)接通电源,打开仪器、仪表的面板,观察指定点的波形或数值的变化。

(2)接通电源,用鼠标左键单击工具栏上的分析图图标,屏幕出现要显示的波形,单击该波形即可对该波形进行读数。

显示图中除了可以显示仪器上的波形外,还可以显示各种分析中的曲线或数值。

3.4.1　叠加定理的验证

以图 3-25 所示的电路为例,首先构建 EWB 电路图,并将所有元器件的参数改成要

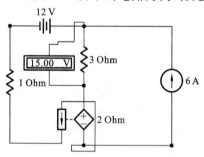

图 3-25　EWB 构建的电路

计算电路的值,然后接上电压表。电路创建完成后,再接通右上角开关,电压表的读数为 15 V。与理论计算的结果一致。

应用叠加定理,先令电压源独立作用,即将电流源置零,如图 3-26(a)所示。再接通右上角开关后,电压表的读数为 6 V。

接着,再令电流源独立作用,即将电压源置零,如图 3-26(b)所示。再接通右上角开关后,电压表的读数为 9 V。

将两次结果相加,3 Ω 电阻两端的电压为 15 V,从而验证了叠加定理的正确性。

3.4.2　戴维南定理的验证

EBW 除了可以用电压表、电流表、示波器和频谱仪等虚拟仪器测量电量外,还可以对电路进行多种分析。为了验证戴维南定理,选择 Analysis 中的 Parameter Sweep,即参数变化的分析。下面以图 3-27 所示的电路为例,用 EWB 的这一功能得到戴维南等效电路。

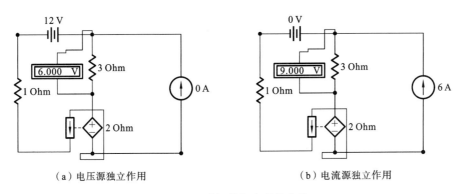

（a）电压源独立作用　　　　　　　　　（b）电流源独立作用

图 3-26　验证叠加定理的电路

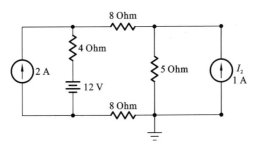

图 3-27　验证戴维南定理的电路

首先创建电路，并在输出端接上电流源，用"I2"标识。由于 EWB 采用的是节点分析，因此选参考节点(接地点)。电路图创建完成后，单击 Analysis 中的 Parameter Sweep，会弹出如图 3-28(a)所示的对话框，要变化的的元件是"I2"，参数是电流(Current)，变化范围是 0～2 A，电流增加方式为线性(Linear)，间隔是 0.1 A，输出节点编号为 8。

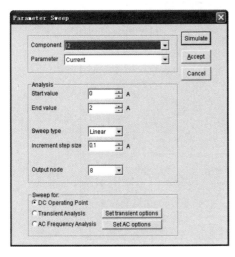

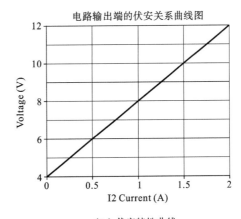

（a）参数设置　　　　　　　　　　　（b）伏安特性曲线

图 3-28　参数设置和输出的伏安特性曲线

设置完成后，单击图 3-28(a)所示的对话框右上角的 Simulate 按钮开始仿真，就会显示如图 3-28(b)所示的伏安特性曲线图。从图 3-28，可以获得戴维南等效电路的两个参数。

I2 为零,即开路时,有

$$U_{\mathrm{OC}} = 4 \text{ V}$$

等效电阻就是伏安曲线的斜率,即

$$R_0 = \frac{12 \text{ V} - 4 \text{ V}}{2 \text{ A}} = 4 \ \Omega$$

这个结果与理论计算值完全一致。

3.4.3 电容元件的伏安关系

运行 EWB,创建如图 3-29 所示的电路。电容 $C = 0.1 \ \mu\text{F}$,选取并设置信号发生器参数,选择正弦波,频率 $f = 1$ kHz,振幅为 5 V,如图 3-30 所示。为了测量电流,选取样电阻为 1 Ω。

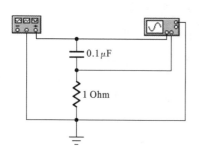

图 3-29　EWB 创建的测量电路

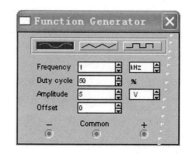

图 3-30　设置信号源为正弦波

打开右上角的开关,然后关上或暂停;调节示波器横(时间)轴和纵(幅度)轴,直到波形能比较清楚地显示为止,如图 3-31 所示。

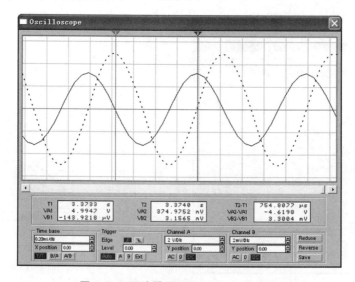

图 3-31　示波器显示的 u_{C} 和 i_{C} 的波形

从图中可知,两正弦波相差 $90°$,A 通道测量的是 u_{C},用游标尺量出幅度为 4.9947 V。B 通道测量的是 i_{C},用游标尺量出幅度为 3.1565 mV(取样电阻上的电压),与理论计算结果一致。

4

EWB 的仿真实验

本章主要学习用 EWB 进行电路的仿真实验，涉及用 EWB 创建电路、虚拟元器件和虚拟仪器的使用。用 EWB 的直流工作点分析、交流频率分析、瞬态分析、参数扫描分析等功能分析电路。通过 EWB 的分析与测试，进一步加深对仿真软件的使用方法的了解，对使用类似的仿真软件有较大的参考价值。

4.1　基尔霍夫定律的仿真

4.1.1　实验目的

(1) 学习创建、编辑 EWB 电路的方法。
(2) 利用仿真软件验证基尔霍夫定律。
(3) 学会在虚拟仪器中使用电压表、电流表进行测量的方法。
(4) 加深对基尔霍夫定律的理解。

4.1.2　实验仪器及元器件

(1) 计算机，1 台；
(2) EWB 仿真软件。

4.1.3　实验原理

基尔霍夫定律是电路的基本定律，它规定了电路中各支路电流之间和支路电压之间必须服从的约束关系，无论电路元件是线性的或是非线性的，时变的或是非时变的，只要电路是集总参数电路，都必须服从这个约束关系。

基尔霍夫电流定律(KCL)：在集总参数电路中，任何时刻，对任一节点，所有支路电流的代数和恒为零，既 $\sum I = 0$。通常约定：流入节点支路的电流用正号，流出节点支路的电流用负号。

基尔霍夫电压定律(KVL)：在集总参数电路中，任何时刻，任一回路内，所有支路或元器件电压的代数和恒为零，既 $\sum U = 0$。通常约定：凡支路电压或元器件电压的参考方向与回路的绕行方向一致的电压用正号，反之用负号。

4.1.4　实验内容

如图 4-1 所示电路,验证基尔霍夫电流定律及基尔霍夫电压定律。

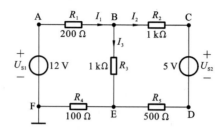

图 4-1　验证电路

将测试数据填入表 4-1 中。

表 4-1　验证基尔霍夫定律的测量数据

测量项目	I_1	I_2	I_3	$\sum I$	U_{AB}	U_{BE}	U_{EF}	U_{FA}	$\sum U$	U_{BC}	U_{CD}	U_{DE}	U_{EB}	$\sum U$
	单位:mA				单位:V					单位:V				
测量值														
计算值														

4.1.5　实验步骤和方法

(1)用 EWB 创建图 4-2 所示电路,验证基尔霍夫电流定律。

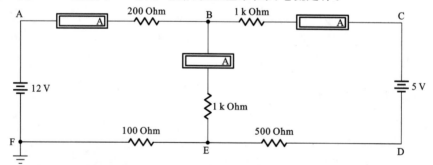

图 4-2　验证基尔霍夫电流定律电路

(2)用 EWB 创建图 4-3 所示电路,验证基尔霍夫电压定律。

4.1.6　实验注意事项

(1)直流电压表和电流表的粗线端为负极,电压表和电流表的接线可以横接出也可以纵接出。

(2)为电阻赋值时要注意其单位。

4.1.7　实验报告要求

(1)附上用 EWB 创建的实验原理电路图。

(2)写出实验的理论计算值。

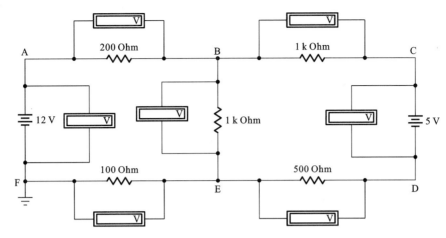

图 4-3 验证基尔霍夫电压定律电路

（3）列出用 EWB 计算的各种图表。

（4）通过本次实验，总结、归纳 EWB 仿真的步骤和方法。

4.2 叠加定理与齐性原理的仿真

4.2.1 实验目的

（1）学习创建、编辑 EWB 电路的方法。

（2）利用仿真软件验证线性电路的叠加性和齐次性。

（3）加深对电路定理的理解。

4.2.2 实验仪器及元器件

（1）计算机，1 台。

（2）EWB 仿真软件。

4.2.3 实验原理

1. 线性电路的线性性质

线性性质是线性电路最基本的属性，它包括齐次性和叠加性。

当输入（也称激励）乘以常数时，输出（也称响应）也乘以相同的常数，这就是线性电路的齐次性（也称为齐性原理）。线性电路的响应与激励成线性关系，即激励扩大 k 倍，响应也扩大 k 倍。

2. 叠加定理

叠加定理只适用于线性系统。在线性电路中，如果有多个独立源同时作用，根据叠加性，它们在任意支路中产生的电流（或电压）等于各个独立源单独作用时在该支路所产生的电流（或电压）的代数和。这就是线性电路的叠加定理。

4.2.4 实验内容

电路如图 4-4 所示，验证线性电路的齐次性和叠加性，将测量数据填入表 4-2 中。

电路中，$U_{S1}=15$ V，$U_{S2}=10$ V，$R_1=R_3=1$ kΩ，$R_2=R_4=2$ kΩ，$R_5=5$ kΩ，$R_6=3$ kΩ。

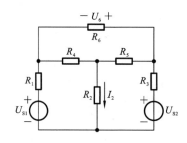

图 4-4　实验原理图

表 4-2　验证齐次性和叠加性的测量数据

实验内容	测量值			理论计算值		
	U_6/V	I_2/mA	P_{R2}	U_6/V	I_2/mA	P_{R2}
U_{S1} 单独作用						
U_{S2} 单独作用						
U_{S1}、U_{S2} 共同作用						
$2U_{S2}$ 单独作用						

4.2.5　实验步骤和方法

用 EWB 创建图 4-5 所示电路，验证线性电路的齐次性和叠加性。

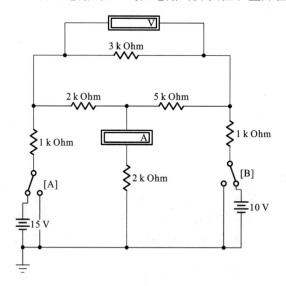

图 4-5　验证电路

（1）U_{S1} 单独作用：开关 A 接通 U_{S1}，开关 B 接通短路线，读取电压表和电流表读数，填入表 4-2 中。

（2）U_{S2} 单独作用：开关 B 接通 U_{S2}，开关 A 接通短路线，读取电压表和电流表读数，填入表 4-2 中。

（3）U_{S1} 和 U_{S2} 共同作用：开关 A 接通 U_{S1}，开关 B 接通 U_{S2}，读取电压表和电流表读

数,填入表 4-2 中。

（4）$2U_{S2}$ 单独作用：开关 B 接通 U_{S2}，且将 U_{S2} 赋值为 20 V，开关 A 接通短路线，读取电压表和电流表读数，填入表 4-2 中。

4.2.6 实验注意事项

（1）在测量时，在电路中要选择参考点，即接地点。
（2）直流电压表和电流表的粗线端为负极。

4.2.7 实验报告要求

（1）附上用 EWB 创建的实验原理电路图。
（2）写出实验内容和步骤，列出 EWB 计算的各种图表。
（3）通过本次实验，总结、归纳 EWB 仿真的步骤和方法。

4.3 戴维南定理和诺顿定理的仿真

4.3.1 实验目的

（1）学习创建、编辑 EWB 电路的方法。
（2）利用仿真软件验证戴维南定理、诺顿定理的正确性。
（3）掌握线性有源二端网络等效参数测量的一般方法。
（4）加深对电路定理的理解。

4.3.2 实验仪器及元器件

（1）计算机，1 台；
（2）EWB 仿真软件。

4.3.3 实验原理

1. 戴维南定理

戴维南定理：线性有源二端网络可以用一个电压源 U_{Th} 与一个电阻 R_{Th} 串联的等效电路替换。其中，U_{Th} 是端口的开路电压 U_{OC}，R_{Th} 是令独立源为零后端口的等效电阻 R_0，电路如图 4-6 所示。

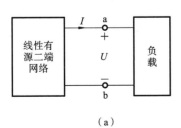
（a）

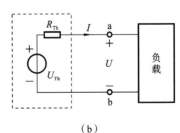
（b）

图 4-6　戴维南定理

2. 诺顿定理

诺顿定理：线性有源二端网络可以用一个电流源 I_{SC} 与一个电阻 R_0 并联的等效电

路替换。其中，I_{SC} 是端口的短路电流，R_0 是令独立源为零后端口的等效电阻，电路如图 4-7 所示。

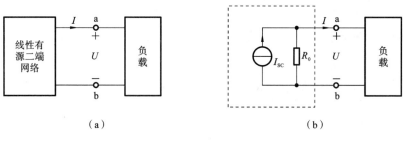

（a）　　　　　　　　　　　　　　（b）

图 4-7　诺顿定理

4.3.4　实验内容

（1）按图 4-8 构成一个有源单口网络，从 ab 端外接电流表和可调电阻 R。调节可调电阻 R，测定电路的伏安特性，画出伏安特性曲线。实验中，有源单口网络的构成为 $U_S = 12$ V，$R_1 = 2$ kΩ，$R_2 = 5$ kΩ，$R_3 = 3$ kΩ，将测量出的数据填入表 4-3 中。

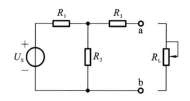

图 4-8　有源单口网络

表 4-3　有源单口网络测量数据

R/Ω	0	100	300	500	1000	2000	5000	10000	∞
U/V									
I/mA									

由表格 4-3 确定开路电压、短路电流、等效电阻，填入表 4-4 中，并与理论计算值进行比较。

表 4-4　戴维南定理实验数据

实验数据	开路电压 U_{OC}/V	短路电流 I_S/mA	等效电阻 $R_0/\mathrm{k\Omega}$
测量值			
理论值			

（2）由所测有源单口网络的等效参数，构造一个戴维南等效电路，如图 4-9 所示，将测量出的数据填入表 4-5 中。

表 4-5　戴维南等效电路测量数据

R/Ω	0	100	300	500	1000	2000	5000	10000	∞
U/V									
I/mA									

（3）由所测有源单口网络的等效参数，构造一个诺顿等效电路，如图 4-10 所示，将测量出的数据填入表 4-6 中。

图 4-9　戴维南等效电路　　　　　图 4-10　诺顿等效电路

表 4-6　诺顿等效电路测量数据

R/Ω	0	100	300	500	1000	2000	5000	10000	∞
U/V									
I/mA									

4.3.5　实验步骤和方法

（1）用 EWB 创建图 4-11 所示电路，测量二端网络伏安特性。将图 4-11 所示电路的测试电流、电压填入表 4-3 中。由表 4-3 确定开路电压、短路电流、等效电阻，并填入表 4-4 中。

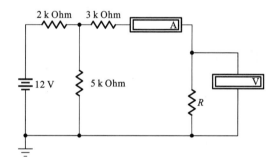

图 4-11　伏安特性测试电路

（2）用 EWB 创建图 4-12 所示电路，测量戴维南等效电路。将图 4-12 所示电路的测试电流、电压填入表 4-5 中。

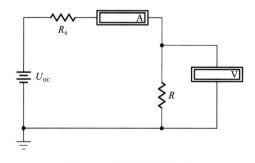

图 4-12　戴维南等效电路

（3）用 EWB 创建图 4-13 所示电路，测量诺顿等效电路。将图 4-13 所示电路的测试电流、电压填入表 4-6 中。

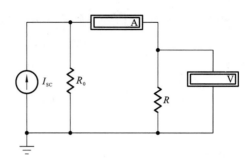

图 4-13 诺顿等效电路

4.3.6 实验注意事项

(1) 在测量时,在电路中要选择参考点,即接地点。
(2) 直流电压表和电流表的粗线端为负极。
(3) 计算开路电压、短路电流、等效电阻时要准确。

4.3.7 实验报告要求

(1) 附上用 EWB 创建的实验原理电路图。
(2) 写出实验内容和步骤,列出 EWB 计算的各种图表。
(3) 通过本次实验,总结、归纳 EWB 仿真的步骤和方法。

4.4 电路的交流分析

4.4.1 实验目的

(1) 学习创建、编辑 EWB 电路的方法。
(2) 掌握 EWB 的交流分析方法。
(3) 学会在虚拟仪器中使用电压表、电流表和示波器进行测量。
(4) 加深对正弦交流电路分析方法的理解。

4.4.2 实验仪器及元器件

(1) 计算机,1 台;
(2) EWB 仿真软件。

4.4.3 实验原理

1. RC 移相电路

RC 移相电路如图 4-14(a)所示,当 R 由 $0 \to \infty$,移相电路输入电压 $\dot{U}_{\mathrm{i}}$ 与输出电压 $\dot{U}_{\mathrm{o}}$ 的移相范围和特点可以用相量图表示,如图 4-14(b)所示。当 $R \to 0$ 时,$\dot{U}_{\mathrm{o}}$ 与 $\dot{U}_{\mathrm{i}}$ 趋于同相;当 $R \to \infty$ 时,$\dot{U}_{\mathrm{i}}$ 比 $\dot{U}_{\mathrm{o}}$ 超前趋于 180°。所以,$\dot{U}_{\mathrm{o}}$ 和 $\dot{U}_{\mathrm{i}}$ 的移相范围是 0°～180°,并且 $\dot{U}_{\mathrm{i}}$ 比 $\dot{U}_{\mathrm{o}}$ 超前。另外,输出电压 $\dot{U}_{\mathrm{o}}$ 的幅值为半径,即输出电压 U_{o} 始终是输入电压 U_{i} 的一半。

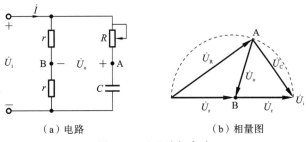

（a）电路　　　　　　　（b）相量图

图 4-14　RC 移相电路

2. 三相电路的相序测试电路

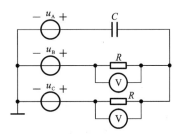

图 4-15 所示的是相序测试电路，用来判别三相电路中的各相相序。经分析，B 相电阻的电压要高于 C 相电阻的电压；图中电阻若用灯泡代替，则 B 相灯泡要比 C 相灯泡亮得多。由此可判断：若接电容的一相为 A 相，则灯泡较亮的为 B 相，较暗的为 C 相。

图 4-15　三相电路的相序测试电路

4.4.4　实验内容

1. RC 移相电路的仿真

用 EWB 建立如图 4-16 所示仿真电路，选择 B 点为接地点，以便测量 $\dot{U}_\text{o}$ 和 $\dot{U}_\text{i}$ 的相位差。从相量图中可看到 $U_\text{i}=2U_\text{AB}$，$\dot{U}_\text{o}$ 滞后 $\dot{U}_\text{i}$（0°～180°）。当 R 取不同值时，记录各电压表读数、$\dot{U}_\text{o}$ 和 $\dot{U}_\text{i}$ 的波形，及 $\dot{U}_\text{o}$ 和 $\dot{U}_\text{i}$ 的相位差，并填入表 4-7 中。

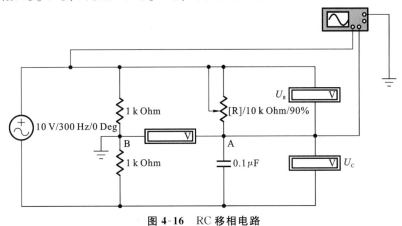

图 4-16　RC 移相电路

表 4-7　RC 移相电路测量数据

$R/\text{k}\Omega$	1	2	3	5	8	9	9.5
U_i/V							
U_o/V							
U_R/V							
U_C/V							
$\dot{U}_\text{i}$ 与 $\dot{U}_\text{o}$ 波形							
$\dot{U}_\text{i}$ 与 $\dot{U}_\text{o}$ 相位差							

2. 相序测试电路的仿真

用 EWB 建立如图 4-17 所示仿真电路,用来判别三相电路中的各相相序。分别测量 B 相电阻、C 相电阻上的电压,将测量数据填入表 4-8 中。

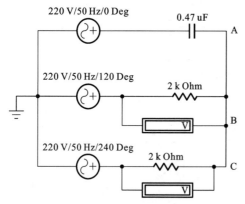

表 4-8   相序测试电路测量数据

U_B/V	U_C/V

图 4-17   相序测试电路

4.4.5   实验步骤和方法

1. 实验内容 1

(1)用 EWB 按图 4-16 所示电路创建原理图。

(2)改变电阻 R,观测电压读数与电源电压应是电压三角形的关系。

(3)改变电阻 R,用双踪示波器观测并记录 U_i 与 U_o 的相位关系。

(4)将测量数据、波形、相位差填入表 4-7 中。

2. 实验内容 2

(1)用 EWB 按图 4-17 所示电路创建原理图。

(2)将电压表测得的电压填入表 4-8 中。

4.4.6   实验注意事项

(1)对于三相电路中的三相电源,由于 EWB 的交流电源的相位不能是负角度的,因此都用正角度代替,所以正相序的电压为 $\dot{U}_A = 220\angle 0° \text{ V}$,$\dot{U}_B = 220\angle 240° \text{ V}$,$\dot{U}_C = 220\angle 120° \text{ V}$。

(2)在分析时,在电路中要选择参考点,即接地点,以便用示波器观测相位差。

(3)交流电压表和电流表是在对话框中选择 Mode 中的"AC"设置的,电压表和电流表的内阻也可以自行设置。

4.4.7   实验报告要求

(1)附上用 EWB 创建的实验原理电路图。

(2)写出实验内容和步骤,各种理论计算值。

(3)改变参数,列出 EWB 计算的各种图表。

(4)通过本次实验,总结、归纳经 EWB 仿真得出的结论。

4.5 RLC 谐振电路仿真

4.5.1 实验目的

（1）学习创建、编辑 EWB 电路的方法。

（2）掌握 EWB 的交流分析方法及虚拟仪器的使用。

（3）掌握谐振电路中谐振频率、带宽、Q 值的测量方法。

（4）学习电路频率特性的测量方法。

（5）分析电路参数对电路谐振特性的影响。

4.5.2 实验仪器及元器件

（1）计算机，1 台；

（2）EWB 仿真软件。

4.5.3 实验原理

（1）RLC 串联谐振电路如图 4-18 所示，有

$$\dot{I} = \frac{\dot{U}}{R + j\omega L - j\dfrac{1}{\omega C}}$$

$$I = \frac{U}{\sqrt{R^2 + \left(\omega L - \dfrac{1}{\omega C}\right)^2}}$$

$$\theta(\omega) = -\arctan\frac{\omega L - \dfrac{1}{\omega C}}{R}$$

频率特性曲线如图 4-19 所示。

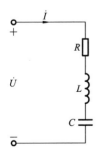

图 4-18 RLC 串联谐振电路

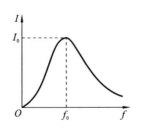

图 4-19 频率特性曲线

（2）谐振频率为

$$f_0 = \frac{1}{2\pi\sqrt{LC}}$$

此时，I 为最大值，$Z = R$，$I_0 = \dfrac{U}{R}$，阻抗角 $\varphi = 0$，$U_{L0} = U_{C0} = QU_R$。

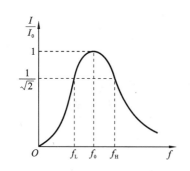

图 4-20　幅频特性通频带宽度测量

（3）电路品质因数 Q 值的定义为

$$Q = \frac{\omega_0 L}{R} = \frac{1}{\omega_0 CR} = \frac{1}{R}\sqrt{\frac{L}{C}}$$

（4）Q 值测量方法一：

$$Q = \frac{U_{L0}}{U_R} = \frac{U_{C0}}{U_R}$$

（5）Q 值测量方法二：先测量幅频特性通频带宽度再计算 Q 值，如图 4-20 所示。

Q 值的计算公式为

$$Q = \frac{f_0}{f_H - f_L}$$

4.5.4　实验内容

（1）在 EWB 仿真软件上建立仿真电路，如图 4-21 所示。

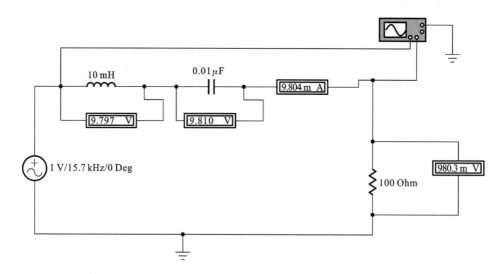

图 4-21　仿真电路

（2）在 RLC 串联电路两端加入 1 V 信号源，调节信号源频率，用示波器观察输入与输出波形。当输入与输出波形同相时，如图 4-22 所示，此时信号源频率就是谐振频率。用示波器测量此时的谐振频率，用交流电压表、电流表测量电压和电流，填入表 4-9 中。

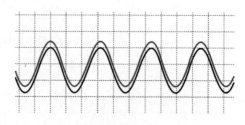

图 4-22　输入与输出波形同相

表 4-9 谐振频率及电压、电流

R/Ω	f_0/kHz	U_i 与 U_R 相位差	$U_{\mathrm{L}0}/\mathrm{V}$	$U_{\mathrm{C}0}/\mathrm{V}$	$U_{\mathrm{R}0}/\mathrm{V}$	I_0/mA	测量计算 Q 值	理论计算 Q 值
100								
500								

Q 值的测量计算公式为

$$Q = \frac{U_{\mathrm{L}0}}{U_\mathrm{R}} = \frac{U_{\mathrm{C}0}}{U_\mathrm{R}}$$

理论计算公式为

$$Q = \frac{1}{R}\sqrt{\frac{L}{C}}$$

（3）在 RLC 串联电路两端加入 1 V 信号源，调节信号源频率，使电阻上电压达到谐振时电阻电压的 0.707 倍，用示波器和电压表、电流表测量此时的频率及电压、电流，填入表 4-10 中。

表 4-10 通频带及 Q 值的测量

R/Ω	$f_\mathrm{L}/\mathrm{kHz}$	$f_\mathrm{H}/\mathrm{kHz}$	U_R/V	测量计算 I/mA	测量计算 BW	测量计算 Q 值
100						
500						

BW 的测量计算公式为

$$\mathrm{BW} = f_\mathrm{H} - f_\mathrm{L}$$

Q 值的测量计算公式为

$$Q = \frac{f_0}{f_\mathrm{H} - f_\mathrm{L}}$$

（4）在 RLC 串联电路两端加入 1 V 信号源，调节信号源频率，用示波器测量电阻上电压、电流以及与输入波形的相位差，画出幅频与相频特性曲线，并填入表 4-11 中。

表 4-11 电压、电流以及相位差的测量

R	f/kHz						
	U_R/V						
100 Ω	I/mA						
	$\theta/(°)$						
R	f/kHz						
	U_R/V						
500 Ω	I/mA						
	$\theta/(°)$						

相位差计算公式为

$$\theta = \frac{T_\mathrm{X}}{T} \times 360°$$

式中：T 为周期；T_x 为两波形相位差时间。

（5）执行 EWB 的 AC Frequency Analysis 命令时，要注意选择好起始频率、终止频率、扫描形式、显示点数、垂直刻度和分析节点，设置如图 4-23 所示。

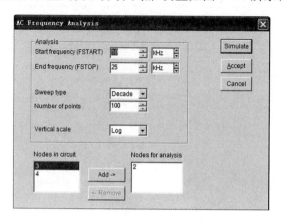

图 4-23 AC Frequency Analysis **对话框**

在 $R=100\ \Omega$ 时，执行 AC Frequency Analysis 命令后得到如图 4-24 所示的曲线，借助游标可测量谐振频率、截止频率。

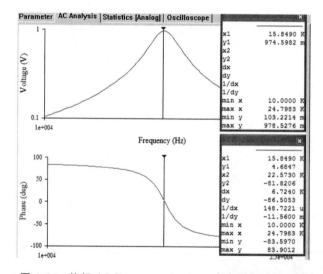

图 4-24 **执行** AC Frequency Analysis **命令后得到的曲线**

（6）执行 EWB 的 Parameter Sweep 命令时，要注意选择好起始频率、终止频率、扫描形式、显示点数、垂直刻度和分析节点，设置如图 4-25 所示。

执行 Parameter Sweep 命令后得到如图 4-26 所示的曲线。不同 R 值对应的频率特性不同，且 R 越小 Q 值越大，波形越尖。

4.5.5 实验步骤和方法

1. 实验内容 1

（1）用 EWB 按图 4-21 所示电路创建原理图。

（2）调节信号源频率，当输入与输出波形同相时，曲线如图 4-22 所示，此时的信号

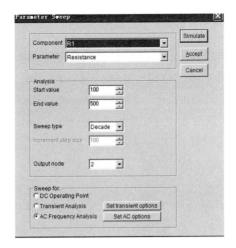

图 4-25 Parameter Sweep **对话框**

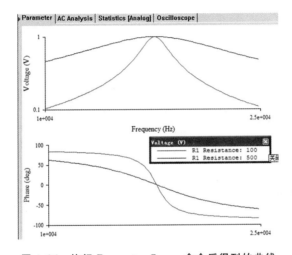

图 4-26 执行 Parameter Sweep **命令后得到的曲线**

源频率就是谐振频率。用示波器测量谐振频率,用交流电压表、电流表测量电压和电流,将测量结果填入表 4-9 中。

(3)调节信号源频率,使电阻上的电压达到谐振时电阻电压的 0.707 倍,用示波器和电压表、电流表测量此时的频率及电压、电流,将测量结果填入表 4-10 中。

(4)调节信号源频率,用示波器测量电阻上电压、电流以及与输入波形的相位差,画出幅频与相频特性曲线,并填入表 4-11 中。

2. 实验内容 2

(1)执行 EWB 的 AC Frequency Analysis 命令时,要注意选择好起始频率、终止频率、扫描形式、显示点数、垂直刻度和分析节点,设置如图 4-23 所示,借助游标可测量谐振频率、截止频率。

(2)执行 EWB 的 Parameter Sweep 命令时,要注意选择好起始频率、终止频率、扫描形式、显示点数、垂直刻度和分析节点,设置如图 4-25 所示,观察不同 R 值的频率特性。

4.5.6 实验注意事项

（1）在进行交流频率分析时，信号源可以是交流电源，也可以是信号发生器。若采用交流电源，电压源电压或电流源电流无论如何设置，在交流频率分析时其总是 1 V 或 1 A。而用信号发生器作信号源时，电源电压由设置的数据而定。

（2）为了使用游标时读取的数据较准确，在 AC Frequency Analysis 对话框中，Number of points 的值（显示点数）应选大些。

（3）为了使频率特性曲线有较好的显示，扫描类型有时选 Decade(10 倍频程)，有时选 Linear(线性频程)。

（4）用 Parameter Sweep 命令进行分析时，应选择要扫描的变量，同时也要选择要分析的变量。Sweep type(扫描类型)有三种选择：Decade(10 倍频程)、Linear(线性频程)、Octave(2 倍频程)，可根据情况进行选择。

4.5.7 实验报告要求

（1）附上用 EWB 创建的实验原理电路图

（2）写出实验基本原理。

（3）写出实验内容、主要步骤及各种物理量理论计算值。

（4）写出实验结果（包括实验数据、波形等）及分析，并在同一张图上绘制两种 Q 值的频率特性。

（5）写出实验小结。

4.6 RC 选频网络特性测试仿真

4.6.1 实验目的

（1）学习创建、编辑 EWB 电路的方法。

（2）熟悉 RC 串并联网络的特点及其应用。

（3）熟悉 RC 双 T 形网络的特点及其应用。

（4）学会测定 RC 电路的幅频特性和相频特性。

（5）理解电路频率特性的物理意义。

4.6.2 实验仪器及元器件

（1）计算机，1 台；

（2）EWB 仿真软件。

4.6.3 实验原理

1. RC 串并联网络的频率特性

RC 串并联网络电路如图 4-27(a)所示，该电路结构简单，作为选频环节被广泛用于低频振荡电路中，可以获得高纯度的正弦波电压。

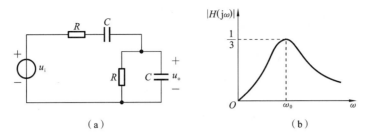

（a）　　　　　　　　（b）

图 4-27　RC 串并联网络电路及幅频特性

用函数信号发生器的正弦输出信号作为图 4-27(a)所示电路的激励信号 u_i，并保持 u_i 值不变的情况下，改变输入信号的频率 f，用交流毫伏表或示波器测出输出端相应于各个频率点下的输出电压 u_o 值，将这些数据画在以频率 f 为横轴、u_o 为纵轴的坐标图上，用一条光滑的曲线连接这些点，该曲线就是上述电路的幅频特性曲线。

该电路的一个特点是其输出电压幅度不仅会随输入信号频率的变化而变化，而且还会出现一个与输入电压同相位的最大值，如图 4-27(b)所示。

设 $Z_1 = R + \dfrac{1}{j\omega C}$，$Y_2 = \dfrac{1}{R} + j\omega C$，则有 $Z_2 = \dfrac{1}{Y_2}$。由分压公式知：

$$\dot{U}_o = \frac{Z_2}{Z_1 + Z_2}\dot{U}_i = \frac{1}{1 + Z_1 Y_2}\dot{U}_i$$

网络函数为

$$H(j\omega) = \frac{\dot{U}_o}{\dot{U}_i} = \frac{1}{1 + \left(R + \dfrac{1}{j\omega C}\right)\left(\dfrac{1}{R} + j\omega C\right)} = \frac{1}{3 + j\left(\omega RC - \dfrac{1}{\omega RC}\right)}$$

当角频率 $\omega = \omega_0 = \dfrac{1}{RC}$，即 $f = f_0 = \dfrac{1}{2\pi RC}$ 时，$|H(j\omega)| = \dfrac{U_o}{U_i} = \dfrac{1}{3}$，且此时向量 $\dot{U}_o$ 与向量 $\dot{U}_i$ 同相位，f_0 称为电路通带中心频率。

由图 4-27(b)可见，RC 串并联网络电路具有带通特性。

2. RC 双 T 形网络的频率特性

RC 双 T 形网络电路如图 4-28(a)所示，该电路结构简单，作为选频环节被广泛用于低频振荡电路中，可以阻塞某一频率的正弦波信号。

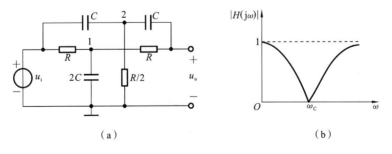

（a）　　　　　　　　（b）

图 4-28　RC 双 T 形网络电路及幅频特性

用函数信号发生器的正弦输出信号作为图 4-28(a)的激励信号 u_i，并保持 u_i 值不变的情况下，改变输入信号的频率 f，用交流毫伏表或示波器测出输出端相应于各个频率点下的输出电压 u_o 值,将这些数据画在以频率 f 为横轴、u_o 为纵轴的坐标纸上,用一条光滑的曲线连接这些点,该曲线就是上述电路的幅频特性曲线。

对图 4-28(a)中的电路列节点方程为

$$\left(\frac{2}{R}+j2\omega C\right)\dot{U}_1 - \frac{1}{R}\dot{U}_o = \frac{1}{R}\dot{U}_i \tag{4-1}$$

$$\left(\frac{2}{R}+j2\omega C\right)\dot{U}_2 - j\omega C\dot{U}_o = j\omega C\dot{U}_i \tag{4-2}$$

$$\left(\frac{1}{R}+j\omega C\right)\dot{U}_o - j\omega C\dot{U}_2 - \frac{1}{R}\dot{U}_1 = 0 \tag{4-3}$$

由式(4-3)可得

$$(1+j\omega RC)\dot{U}_o - j\omega RC\dot{U}_2 = \dot{U}_1 \tag{4-4}$$

将式(4-4)代入式(4-1),消去 $\dot{U}_1$,得

$$-2(1+j\omega RC)j\omega RC\dot{U}_2 + [2(1+j\omega RC)^2 - 1]\dot{U}_o = \dot{U}_i \tag{4-5}$$

将式(4-2)整理得

$$2(1+j\omega RC)\dot{U}_2 - j\omega RC\dot{U}_o = j\omega RC\dot{U}_i \tag{4-6}$$

联立求解式(4-5)、式(4-6),由行列式求得

$$\dot{U}_o = \frac{\begin{vmatrix} -2(1+j\omega RC)j\omega RC & 1 \\ 2(1+j\omega RC) & j\omega RC \end{vmatrix}}{\begin{vmatrix} -2(1+j\omega RC)j\omega RC & 2(1+j\omega RC)^2-1 \\ 2(1+j\omega RC) & -j\omega RC \end{vmatrix}}\dot{U}_i$$

该电路的网络函数为

$$H(j\omega) = \frac{\dot{U}_o}{\dot{U}_i} = \frac{1-\omega^2 R^2 C^2}{1-\omega^2 R^2 C^2 + j\omega 4RC}$$

当角频率 $\omega = \omega_0 = \frac{1}{RC}$,即 $f = f_0 = \frac{1}{2\pi RC}$ 时,$|H(j\omega)| = \frac{U_o}{U_i} = 0$,$f_0$ 称为电路阻带中心频率。

由图 4-28(b)可见,RC 双 T 形网络电路具有带阻特性。

4.6.4 实验内容

(1) 用 EWB 研究图 4-29 所示的 RC 串并联网络电路,用示波器和交流电压表测量电路输出电压的幅频特性,将测量数据填入表 4-12 中。

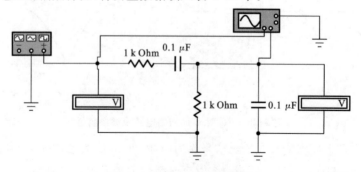

图 4-29 RC 串并联网络电路

表 4-12 RC 串并联网络电路幅频特性曲线的测量数据

f/kHz	$f_0=$
u_i/V	
u_o/V	

（2）用 EWB 研究图 4-30 所示的 RC 双 T 形网络电路，用示波器和交流电压表测量电路输出电压的幅频特性，将测量数据填入表 4-13 中。

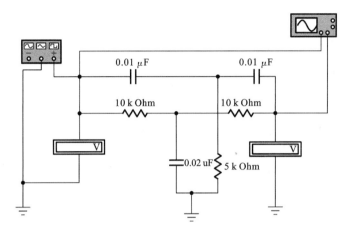

图 4-30 RC 双 T 形网络电路

表 4-13 RC 双 T 形网络电路幅频特性曲线的测量数据

f/kHz	$f_0=$
U_i/V	
U_o/V	

4.6.5 实验步骤和方法

1. 实验内容 1

（1）用 EWB 按图 4-29 所示电路创建原理图。

（2）改变频率，观测电压表读数并将其填入表 4-12 中，同时用示波器观察输入与输出波形。

2. 实验内容 2

（1）用 EWB 按图 4-30 所示电路创建原理图。

（2）改变频率，观测电压表读数并将其填入表 4-13 中，同时用示波器观察输入与输出波形。

4.6.6 实验注意事项

（1）先计算理论值，根据理论值调节频率。

（2）以中心频率展开取若干个频率进行测量。

（3）交流电压表的对话框中选择 Mode 中的“AC”设置。

4.6.7 实验报告要求

（1）附上用 EWB 创建的实验原理电路图。

（2）写出实验内容和步骤，各种理论计算值。

（3）改变参数，列出 EWB 计算的各种图表。

（4）通过本次实验，总结、归纳经 EWB 仿真得出的结论。

4.7 一阶和二阶电路的仿真

4.7.1 实验目的

（1）学习创建、编辑 EWB 电路的方法。

（2）掌握 EWB 的测量分析方法。

（3）学会在虚拟仪器中使用信号发生器、示波器进行测量。

（4）加深对一阶电路和二阶电路的理解。

4.7.2 实验仪器及元器件

（1）计算机，1 台；

（2）EWB 仿真软件。

4.7.3 实验原理

一阶电路和二阶电路的分析方法在"电路分析"课程中做了重点介绍，下面用 EWB 来进行测量分析说明。

1. 观察 RC 电路的零输入响应、零状态响应

（1）创建如图 4-31 所示的仿真实验电路。

（2）信号发生器设置为方波，参数选择如图 4-32 所示。

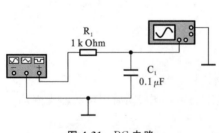

图 4-31　RC 电路

图 4-32　信号发生器的设置

（3）调节示波器参数，观察充放电波形，如图 4-33 所示。

方法：打开开关，按"暂停"按钮。

（4）测量时间常数：改变时间轴，移动示波器上的游标。红色游标对准初值，蓝色游标对准终值的 63 %。可得 $\tau = T_2 - T_1 \approx 103.4\ \mu\mathrm{s}$，如图 4-34 所示。

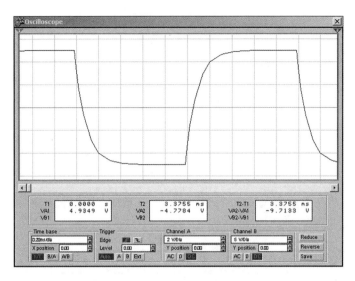

图 4-33 示波器的充放电波形

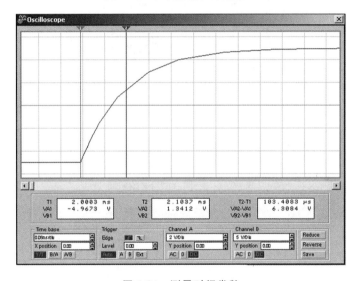

图 4-34 测量时间常数

2. 观察积分电路的波形

（1）创建如图 4-35 所示的仿真实验电路。

（2）改变 R 或 C，观察输入和输出波形，如图 4-36 所示。

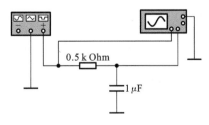

图 4-35 积分电路

3. 观察微分电路的波形

（1）创建如图 4-37 所示的仿真实验电路。

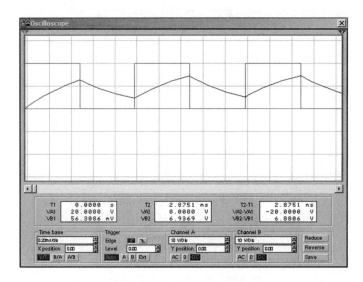

图 4-36 积分电路波形

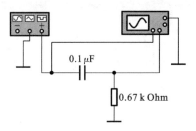

图 4-37 微分电路

（2）改变 R 或 C，观察输入和输出波形，如图 4-38 所示。

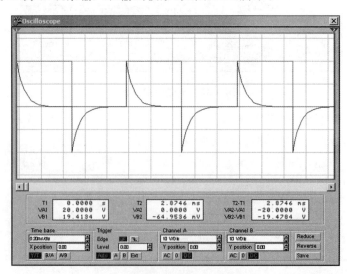

图 4-38 微分电路波形

4. 观察 RC 电路 $u_C(t)$ 和 $i_C(t)$ 的波形

（1）创建如图 4-39 所示的仿真实验电路。

（2）改变 R 或 C，观察 $u_C(t)$ 和 $i_C(t)$ 如何变化，如图 4-40 所示。

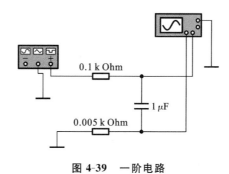

图 4-39 一阶电路

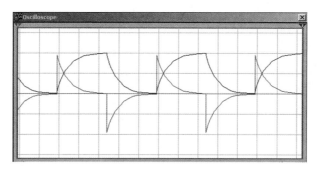

图 4-40 一阶电路的电容电压和电流波形

5. 观察 RLC 串联电路 $u_S(t)$、$u_C(t)$ 的零输入响应、零状态响应

(1) 创建如图 4-41 所示的仿真实验电路。

(2) 改变 R 的值,观察 $u_S(t)$,$u_C(t)$ 的四种波形。信号源设置如图 4-42 所示。

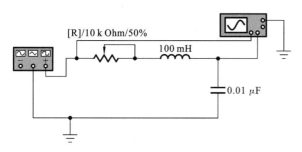

图 4-41 二阶电路

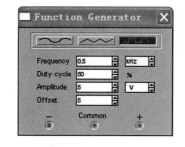

图 4-42 信号发生器设置

电阻 R 取终值的 84% 时,$u_S(t)$、$u_C(t)$ 的波形如图 4-43(a)所示,为过阻尼状态。

电阻 R 取终值的 64%,$u_S(t)$、$u_C(t)$ 的波形如图 4-43(b)所示,为临界阻尼状态。

电阻 R 取终值的 16% 时,$u_S(t)$、$u_C(t)$ 的波形如图 4-43(c)所示,为欠阻尼(衰减振荡)状态。

电阻 R 取值接近 0 时,$u_S(t)$、$u_C(t)$ 的波形如图 4-43(d)所示,为无阻尼(等幅振荡)状态。

6. RLC 串联电路的衰减振荡频率 ω_d、衰减系数 α 的计算和测量

创建如图 4-44 所示的仿真实验电路。

理论计算值为

$$\alpha = \frac{R}{2L} = \frac{50}{2 \times 0.01} \text{ rad/s} = 2500 \text{ rad/s}$$

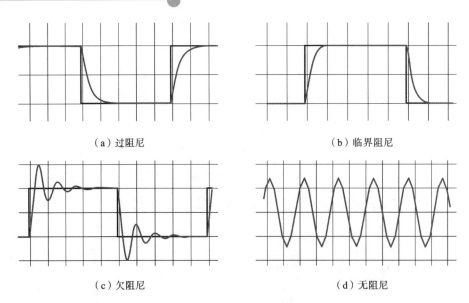

（a）过阻尼   （b）临界阻尼

（c）欠阻尼   （d）无阻尼

图 4-43 二阶电路的四种波形

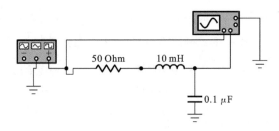

图 4-44 RLC 串联的二阶电路

$$\omega_0 = \frac{1}{\sqrt{LC}} = \frac{1}{\sqrt{0.01 \times 0.1 \times 10^{-6}}} \text{ rad/s} = 3.16 \times 10^4 \text{ rad/s}$$

$$\omega_d = \sqrt{\omega_0^2 - \alpha^2} = \sqrt{(3.16 \times 10^4)^2 - 2500^2} \text{ rad/s} = 3.15 \times 10^4 \text{ rad/s}$$

示波器的波形如图 4-45 所示，由图可知

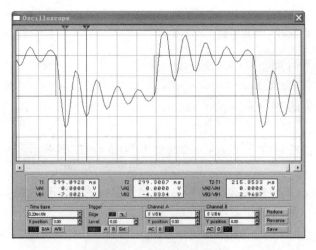

图 4-45 二阶电路的测量

$$T_d = T_2 - T_1 \approx 216 \ \mu s, \quad U_{1m} \approx 7.8 \ V, \quad U_{2m} \approx 4.8 \ V$$

可得

$$\alpha = \frac{1}{T_d} \ln \frac{U_{1m}}{U_{2m}} = \frac{10^6}{216} \ln \frac{7.8}{4.8} \approx 2258 \ (rad/s), \quad \omega_d = \frac{2\pi}{T_d} = 2.92 \times 10^4 (rad/s)$$

4.7.4 实验内容

1. 观察 RC 电路 $u_C(t)$ 和 $i_C(t)$ 的波形

(1) 创建如图 4-46 所示的仿真实验电路。

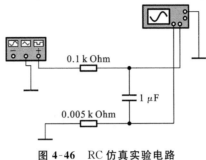

图 4-46 RC 仿真实验电路

(2) 改变 R 或 C,观察输入和输出波形。

分别使 $RC = \dfrac{T}{10}$、$RC << \dfrac{T}{2}$、$RC = \dfrac{T}{2}$、$RC >> \dfrac{T}{2}$,观察 $u_C(t)$ 和 $i_C(t)$ 如何变化,并作记录。

2. 观察微分器电路的波形

设计一个微分器电路,对于频率 $f = 1 \ kHz$ 的方波信号的微分输出,满足:

(1) 尖脉冲的幅度大于 1 V;

(2) 脉冲衰减到零的时间 $t < T/10$,电容值选取 $C = 0.1 \ \mu F$。

3. 观察 RLC 串联电路的波形

观察 RLC 串联电路 $u_C(t)$ 的零输入响应、零状态响应。

(1) 创建如图 4-47 所示的仿真实验电路。

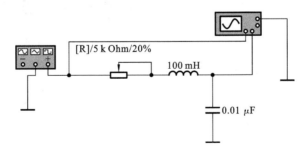

图 4-47 RLC 串联仿真实验电路

(2) 改变 R 的值,观察 $u_S(t)$、$u_C(t)$ 的三种波形,记下参数和波形图,频率 $f = 500 \ Hz$。

4. 欠阻尼状态的参数变化

在欠阻尼状态下,选取 R,改变 L 或 C 的值,观察 $u_C(t)$ 的变化趋势。如选取 L,改变 R,观察衰减快慢、振荡幅度;改变 C,观察振荡频率等。记录参数并填写在表 4-14 中。

表 4-14 参数变化记录

电路参数实验次数	元件参数				u_C 测量值					u_C 理论值		
	R /kΩ	$R'=2\sqrt{\dfrac{L}{C}}$	L /mH	C	T_d /μs	U_{1m} /V	U_{2m} /V	α /(rad/s)	ω_d /(rad/s)	α /(rad/s)	ω_d /(rad/s)	ω_o /(rad/s)
1			10	0.01 μF								
2			10	5600 pF								
3			10	5600 pF								

注:R 取 $R'/4$ 以下,电阻越小振荡越强烈,用示波器越容易观察、记录。

4.7.5 实验步骤和方法

1. 实验内容 1

(1) 用 EWB 按图 4-46 所示电路创建原理图,设置各元件的值。

(2) 5 Ω 的小电阻为取样电阻,其上的电压反映电容电流,改变边线的颜色为红色,以便在示波器上观察波形。

(3) 改变电路的时间常数,分别取 $RC=\dfrac{T}{10}$、$RC\ll\dfrac{T}{2}$、$RC=\dfrac{T}{2}$、$RC\gg\dfrac{T}{2}$,观察波形的变化并作记录。

2. 实验内容 2

(1) 设计 RC 微分电路,用 EWB 创建所设计的电路。

(2) 测量电路指标,看是否满足要求。

3. 实验内容 3

(1) 用 EWB 按图 4-47 所示电路创建原理图,设置各元件的值。

(2) 改变 R 的值,观察 $u_S(t)$、$u_C(t)$ 的过阻尼、欠阻尼和临界阻尼三种波形。

(3) 记录三种情况下的参数值和波形图,以便与理论计算值进行比较。

4. 实验内容 4

(1) 在图 4-47 所示电路基础上,改变各元件的值。

(2) 在欠阻尼时的三种数据下,将测量和计算的值填入表 4-14 中。

(3) 记录三种情况下的参数值和波形图,以便与理论计算值进行比较。

4.7.6 实验注意事项

(1) 示波器上的波形颜色取决于与示波器连线的颜色。这样可以区别不同变量的波形。

(2) 调节 R 时,要细心,要找准临界阻尼。

(3) 整个实验过程中,方波源的频率可以改变。

(4) 峰值要读准确,可用滑动的游标查找。

4.7.7 实验报告要求

(1) 根据实验观测结果,总结测量时间常数的方法。

（2）写出实验内容和步骤以及各种理论计算值。

（3）附上用 EWB 计算的各种图表。

（4）归纳、总结电路元件参数的改变对响应变化趋势的影响。

4.8 动态电路的瞬态分析

4.8.1 实验目的

（1）学习创建、编辑 EWB 电路的方法。

（2）掌握 EWB 的瞬态分析方法。

（3）学会虚拟元件的使用方法。

（4）加深对电路时域分析方法的理解。

4.8.2 实验仪器及元器件

（1）计算机，1 台；

（2）EWB 仿真软件。

4.8.3 实验原理

EWB 的瞬态分析即观察所选定的节点在整个显示周期中每一时刻的电压波形。

1. 研究 RLC 串联二阶电路中参数变化对响应的影响

（1）用 EWB 建立如图 4-48（a）所示的仿真电路，注意选择接地点。选择 Circuit 菜单下 Schematic Option 中的 Show node（显示节点）项，把电路的节点号显示在电路上。设置时钟电源的频率、占空比和电压幅值，如图 4-48（b）所示。

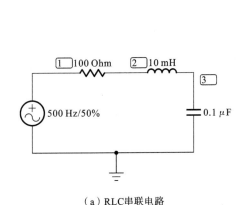

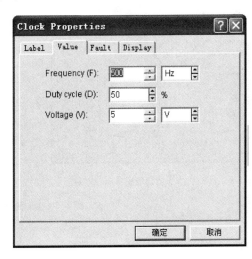

（a）RLC串联电路 　　　　　　　（b）时钟电源的设置

图 4-48　仿真电路的创建和设置

（2）执行 Transient 命令弹出的对话框如图 4-49（a）所示。提供 3 种初始值，选择好开始时间、终止时间、步长，最后选择要分析的节点，单击 Simulate 按钮即可弹出

EWB 计算绘制的瞬态响应曲线图,如图 4-49(b)所示。

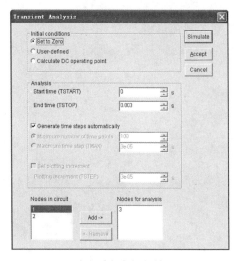
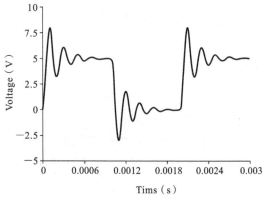

（a）瞬态响应对话框　　　　　　　　　　　（b）瞬态响应曲线图

图 4-49　瞬态响应分析结果

（3）选择菜单命令 Analysis 下的 Parameter Sweep,弹出的对话框如图 4-50(a)所示。选择要改变的参数 C1,变化范围为 $0.1 \sim 0.5\ \mu F$,扫描方式为线性,增量为 $0.2\ \mu F$,最后选择要分析的节点。单击 Simulate 按钮即可弹出 EWB 计算绘制的瞬态响应曲线图,如图 4-50(b)所示。

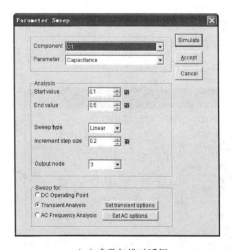
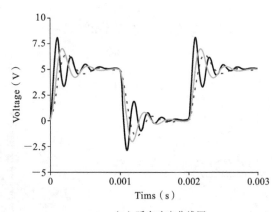

（a）参数扫描对话框　　　　　　　　　　　（b）瞬态响应曲线图

图 4-50　改变电容的分析结果

由此可见,改变电容的值,只会改变振荡频率,而且电容越小,振荡频率越高,但不会改变响应的性质。

（4）选择菜单命令 Analysis 下的 Parameter Sweep,弹出的对话框如图 4-51(a)所示。选择要改变的参数 R1,变化范围选 $100 \sim 1000\ \Omega$,扫描方式选线性,增量选 $300\ \Omega$,最后选择要分析的节点。单击 Simulate 按钮即可弹出 EWB 计算绘制的瞬态响应曲线图,如图 4-51(b)所示。

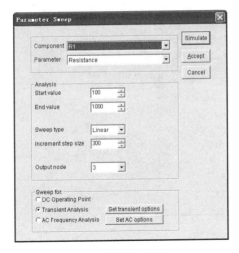

（a）参数扫描对话框

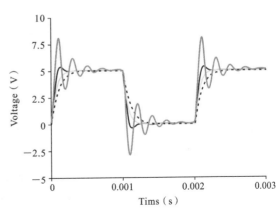

（b）瞬态响应曲线图

图 4-51 改变电阻的分析结果

由此可见,改变电阻的值,改变了响应的性质。

2. 受控源对电路的影响

如图 4-52 所示,电路已处于稳态,$t=0$ 时开关 S 由"1"打向"2",求 $t \geqslant 0$ 时的 $u_C(t)$。

用 EWB 建立如图 4-53 所示的仿真电路,注意选择接地点。延时开关的设置如图 4-54 所示。延时开关有两个控制时间,即闭合时间 TON 和断开时间 TOFF,TON 不能等于 TOFF,且两者不能同时为零。

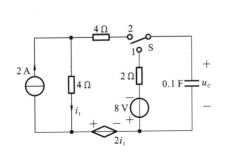

图 4-52 实验电路(1)

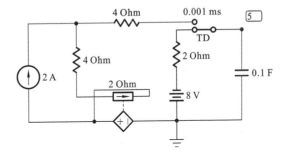

图 4-53 用 EWB 创建的电路(1)

若 TON<TOFF,接通开关,在 $0 \leqslant t \leqslant$ TON 时间内,开关闭合;在 TON<$t \leqslant$ TOFF 时间内,开关断开;在 $t>$TOFF 时,开关闭合。

若 TON>TOFF,接通开关,在 $0 \leqslant t \leqslant$ TOFF 时间内,开关断开;在 TOFF<$t \leqslant$ TON 时间内,开关闭合;在 $t>$TON 时,开关断开。

现设置 TON=0.001 ms,表示接通 1 时间是 0.001 ms,然后就接通 2;TOFF 为 0,表示接通 2 后不再改变。

执行 Transient 命令弹出的对话框如图 4-55(a)所示,单击 Simulate 按钮即可弹出 EWB 计算绘制的瞬态响应曲线图,如图 4-55(b)所示。

3. 电源变化对电路的影响

如图 4-56(a)所示,电路中的电压源电压波形如图 4-56(b)所示,研究电压 $u_C(t)$。

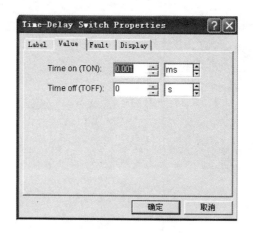

图 4-54　延时开关的设置(1)

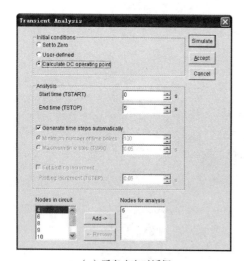

（a）瞬态响应对话框

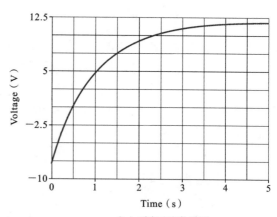

（b）瞬态响应曲线图

图 4-55　电路的瞬态分析

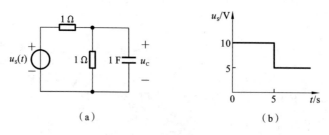

（a）　　　　　　　　　　　（b）

图 4-56　实验电路(2)

　　用 EWB 建立如图 4-57 所示的仿真电路,注意选择接地点。延时开关的设置如图 4-58 所示。TON 为 0,表示接通 5 V 的时间是 0 ms;TOFF 为 5 s,表示接通 10 V 的时间是 5 s。$t > 5$ s 后闭合,接通 5 V 电源。所以开关延迟电路的顺序是:$0 \sim 5$ s 接通 10 V,5 s 后接通 5 V。

　　执行 Transient 命令,由 EWB 计算绘制的瞬态响应曲线图如图 4-59 所示。

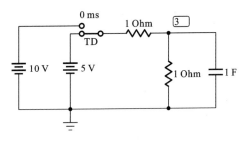

图 4-57   用 EWB 创建的电路(2)

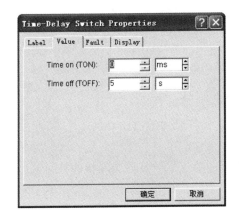

图 4-58   延时开关的设置(2)

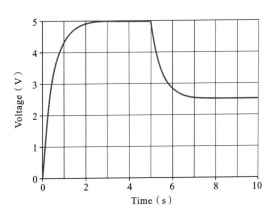

图 4-59   瞬态响应曲线图

4.8.4   实验内容

(1) 研究 RLC 并联二阶电路中参数变化对响应的影响。

(2) 用 EWB 计算如图 4-60 所示的电路,电容原未充电,开关 S 在 $t=0$ 时打开,绘出 $u_C(t)$、$i_1(t)$ 的波形。

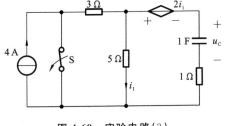

图 4-60   实验电路(3)

(3) 电路如图 4-61(a)所示,电压源的波形如图 4-61(b)所示。$t=0$ 时无储能。

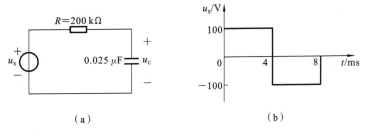

(a)   (b)

图 4-61   实验电路(4)

a. 在同一坐标轴画出 u_S、u_C；

b. 将 R 减为 50 kΩ，重复步骤 a。

4.8.5 实验步骤和方法

1. 实验内容 1

（1）自行设计 RLC 并联电路，激励用电流源；用 EWB 创建原理图，设置各元件的值。

（2）选电容电压为响应，执行 Transient 命令进行电路的瞬态分析。

（3）进行参数扫描分析，选择菜单命令 Analysis 下的 Parameter Sweep，改变的参数为电感。

（4）改变电路中的电阻，进行参数扫描分析。

（5）分析参数变化对电路响应的影响。

2. 实验内容 2

（1）用 EWB 按图 4-60 所示电路创建原理图，设置各元件的值。

（2）设置延时开关的值。

（3）用 EWB 进行瞬态分析，要首先选好要分析的节点。若将两个变量的波形同时显示在同一幅图上，就要选两个节点。

（4）用理论分析说明响应波形的正确性。

3. 实验内容 3

（1）用 EWB 按图 4-61 所示电路创建原理图，设置各元件的值。

（2）采用延时开关的方法，关键是要正确地设置延时开关的参数。

4.8.6 实验注意事项

（1）时钟电源相当于方波发生器，可以调节频率、幅度和占空比。

（2）延时开关非常有用，可以模拟电路中开关的作用，也可以模拟分段常量函数的电源，不过时间段不超过三段，常量不超过两个。在分段或直线较多时，采用分段线性电源较好。

（3）进行 Parameter Sweep 分析时，应选择要扫描的变量，同时也要选择要分析的变量。EWB 弹出的曲线图中扫描的变量为横轴，分析的变量为纵轴。

（4）用 EWB 进行瞬态分析时，应设置好起始时间、终止时间以及初始值。可以将多条瞬态曲线显示在同一幅图上。当鼠标指向某条曲线时，左下角显示的是节点号，表示这是第几个节点电压的波形。

4.8.7 实验报告要求

（1）附上用 EWB 创建的实验原理电路图。

（2）写出实验内容和步骤，以及各种理论计算值，用 EWB 计算出的各种图表。

（3）通过本次实验，总结、归纳 EWB 瞬态分析的步骤和方法。

附录 A　TFG6920A 函数/任意波形发生器使用说明

A.1　概述

TFG6920A 函数/任意波形发生器采用了直接数字合成技术(DDS)、大规模集成电路(FPGA)、软核嵌入式系统(SOPC),具有优异的技术指标和强大的功能特性,能很好地满足各种测量要求,是重要的测量仪器。

对于初次使用这个仪器、没有时间仔细阅读仪器全部使用指南的人,只需浏览本使用说明的内容,就能快速掌握信号发生器的基本使用方法。如果需要使用比较复杂的功能,或者在使用中遇到某些困难,还是要阅读生产厂家提供的使用指南。

A.2　使用前准备

将电源插头插入 220V、50Hz 带有接地线的交流电源插座中,按下后面板上电源插座下面的电源总开关,仪器前面板上的电源按钮开始缓慢地闪烁,表示已经与电网连接,但此时仪器仍处于关闭状态。按下前面板上的电源按钮,电源接通,仪器进行初始化,装入上电设置参数,进入正常工作状态。输出连续的正弦波形,并显示出信号的各项工作参数。

A.3　前、后面板

前面板及说明如图 A-1 所示。

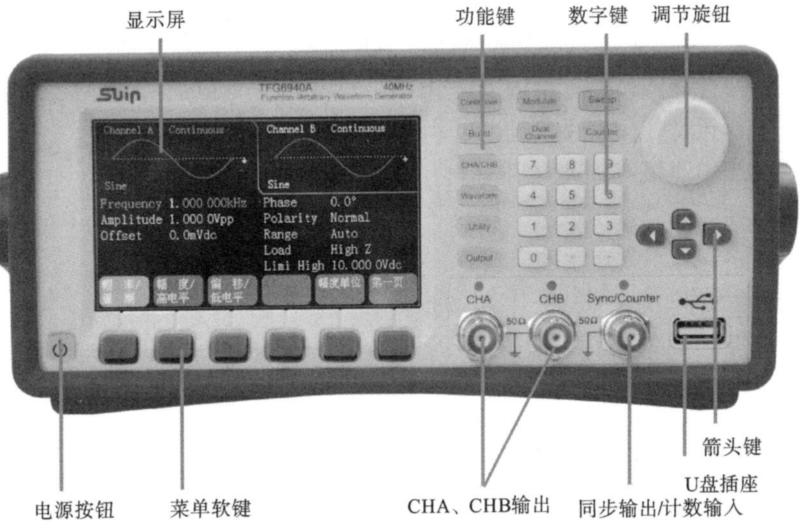

图 A-1　前面板及说明

后面板及说明如图 A-2 所示。

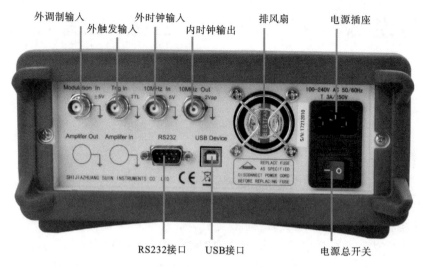

图 A-2　后面板及说明

A.4　按键功能介绍

A.4.1　按键说明

本仪器前面板共有 32 个按键,显示屏右侧有 26 个有固定含义的按键,用符号【】表示,其中 10 个大按键用作功能选择,12 个小按键用作数据输入,2 个箭头键【＜】【＞】用于左右移动旋钮调节的光标,2 个箭头键【∧】【∨】用作频率和幅度的步进操作。显示屏的下边还有 6 个空白键,称为操作软键,用符号〖 〗表示,其含义随着操作菜单的不同而变化。按键说明如下。

【0】【1】【2】【3】【4】【5】【6】【7】【8】【9】键:数字输入键。

【·】键:小数点输入键。

【-】键:负号输入键,在输入数据允许取负值时输入负号,在其他时候无效。

【＜】键:白色光标位左移位键,数字输入过程中的退格删除键。

【＞】键:白色光标位右移位键。

【∧】键:频率和幅度步进增加键。

【∨】键:频率和幅度步进减少键。

【Continuous】键:选择连续模式。

【Modulate】键:选择调制模式。

【Sweep】键:选择扫描模式。

【Burst】键:选择触发模式。

【Dual Channel】键:选择双通道操作模式。

【Counter】键:选择计数器模式。

【CHA/CHB】键:通道选择键。

【Waveform】键:波形选择键。

【Utility】键：通用设置键。

【Output】键：输出端口开关键。

〖 〗〖 〗〖 〗〖 〗〖 〗〖 〗空白键：操作软键，用于菜单和单位选择。

A.4.2　显示说明

仪器的显示屏分为四个部分，左上部为 A 通道的输出波形示意图和输出模式、波形和负载设置，右上部为 B 通道的输出波形示意图和输出模式、波形和负载设置；显示屏的中部显示频率、幅度、偏移等工作参数，显示屏的下部为操作菜单和数据单位显示。

A.5　数据输入

A.5.1　键盘输入

如果一项参数被选中，则参数值会变为绿色，使用数字输入键、小数点输入键和负号输入键可以输入数据。在输入过程中如果出错，可在按单位键之前，按【＜】键退格删除、修改数据。数据输入完成以后，必须按单位键作为结束，输入数据才能生效。如果输入数字后又不想让其生效，可以按单位菜单中的〖 Cancel 〗软键，本次数据输入操作即被取消。

A.5.2　旋钮调节

在实际应用中，有时需要对信号进行连续调节，这时可以使用数字调节旋钮。当一项参数被选中时，除了参数值会变为绿色外，还有一个数字会变为白色，称作光标位。按箭头键【＜】或【＞】，可以使光标位左右移动，面板上的旋钮为数字调节旋钮，顺时针转动旋钮，可使光标位的数字连续加一，并能向高位进位。逆时针转动旋钮，可使光标位的数字连续减一，并能向高位借位。使用旋钮输入数据时，数字改变后即刻生效，不用再按单位键。光标位向左移动，可以对数据进行粗调，向右移动则可以进行细调。

A.5.3　步进输入

如果需要一组等间隔的数据，可以借助步进键。在连续输出模式菜单中，按〖电平限制/步进〗软键，如果选中 Step Freq 参数，可以设置频率步进值；如果选中 Step Ampl 参数，可以设置幅度步进值。设置步进值之后，当选中频率或幅度参数时，每按一次【∧】键，可以使频率或幅度增加一个步进值；每按一次【∨】键，可使频率或幅度减少一个步进值，而且数据改变后即刻生效，不用再按单位键进行确定。

A.5.4　输入方式选择

对于已知的数据，使用数字键输入最为方便，而且不管数据变化多大都能一次到位，没有中间过渡性数据产生。想要对于已经输入的数据进行局部修改，或者需要输入连续变化的数据进行观测时，使用调节旋钮最为方便。对于一系列等间隔数据的输入，则使用步进键更加快速、准确。操作者可以根据不同的应用要求灵活选择。

A.6 基本操作

A.6.1 通道选择

按【CHA/CHB】键可以循环选择两个通道,对于被选中的通道,其通道名称、工作模式、输出波形和负载设置的字符变为绿色显示。使用菜单可以设置该通道的波形和参数,按【Output】键可以循环开通或关闭该通道的输出信号。

A.6.2 波形选择

按【Waveform】键可显示波形菜单,按〖第×页〗软键,可以循环显示 15 页共 60 种波形。按菜单软键选中一种波形,波形名称会随之改变,在"连续"模式下,可以显示波形示意图。按【返回】软键,恢复到当前菜单。

A.6.3 占空比设

如果选择了方波,要将方波占空比设置为 20%,可按下列步骤操作:
(1) 按〖占空比〗软键,占空比参数变为绿色显示;
(2) 按数字键【2】【0】输入参数值,按〖%〗软键,绿色参数显示为 20%;
(3) 仪器按照新设置的占空比参数输出方波,用户也可以使用调节旋钮和【<】【>】键连续调节输出波形的占空比。

A.6.4 频率设置

要将频率设置为 2.5 kHz,可按下列步骤操作:
(1) 按〖频率/周期〗软键,频率参数变为绿色显示;
(2) 按数字键【2】【·】【5】输入参数值,按〖kHz〗软键,绿色参数显示为 2.500 kHz。
(3) 仪器按照设置的频率参数输出波形,用户也可以使用调节旋钮和【<】【>】键连续调节输出波形的频率。

A.6.5 幅度设置

要将幅度设置为 1.6 Vrms,可按下列步骤操作:
(1) 按〖幅度/高电平〗软键,幅度参数变为绿色显示;
(2) 按数字键【1】【·】【6】输入参数值,按〖Vrms〗软键,绿色参数显示为 1.6 Vrms;
(3) 仪器按照设置的幅度参数输出波形,用户也可以使用调节旋钮和【<】【>】键连续调节输出波形的幅度。

A.6.6 偏移设置

要将直流偏移设置为 −25 mVdc,可按下列步骤操作:
(1) 按〖偏移/低电平〗软键,偏移参数变为绿色显示;
(2) 按数字键【—】【2】【5】输入参数值,按〖mVdc〗软键,绿色参数显示为 −25.0

mVdc；

（3）仪器按照设置的偏移参数输出波形的直流偏移，用户也可以使用调节旋钮和【＜】【＞】键连续调节输出波形的直流偏移。

A.6.7 幅度调制

要输出一个幅度调制波形，载波频率为 10 kHz，调制深度为 80％，调制频率为 10 Hz，调制波形为三角波，可按下列步骤操作。

（1）按【Modulate】键，默认选择频率调制模式，按〖调制类型〗软键，显示调制类型菜单，按〖幅度调制〗软键，工作模式显示为 AM Modulation，波形示意图显示为调幅波形，同时显示 AM 菜单。

（2）按〖频率〗软键，频率参数变为绿色显示。按数字键【1】【0】，再按〖kHz〗软键，将载波频率设置为 10.000 00 kHz。

（3）按〖调幅深度〗软键，调制深度参数变为绿色显示。按数字键【8】【0】，再按〖％〗软键，将调制深度设置为 80％。

（4）按〖调制频率〗软键，调制频率参数变为绿色显示。按数字键【1】【0】，再按〖Hz〗软键，将调制频率设置为 10.000 00 Hz。

（5）按〖调制波形〗软键，调制波形参数变为绿色显示。按【Waveform】键，再按〖锯齿波〗软键，将调制波形设置为锯齿波。按〖返回〗软键，返回到幅度调制菜单。

（6）仪器按照设置的调制参数输出一个调幅波形，用户也可以使用调节旋钮和【＜】【＞】键连续调节各调制参数。

A.6.8 叠加调制

要在输出波形上叠加噪声波，叠加幅度为 10％，可按下列步骤操作。

（1）按【Modulate】键，默认选择频率调制模式，按〖调制类型〗软键，显示调制类型菜单，按〖叠加调制〗软键，工作模式显示为 Sum Modulation，波形示意图显示为叠加波形，同时显示叠加调制菜单。

（2）按〖叠加幅度〗软键，叠加幅度参数变为绿色显示。按数字键【1】【0】，再按〖％〗软键，将叠加幅度设置为 10％。

（3）按〖调制波形〗软键，调制波形参数变为绿色显示。按【Waveform】键，再按〖噪声波〗软键，将调制波形设置为噪声波。按〖返回〗软键，返回到叠加调制菜单。

（4）仪器按照设置的调制参数输出一个叠加波形，用户也可以使用调节旋钮和【＜】【＞】键连续调节叠加噪声的幅度。

A.6.9 频移键控

要输出一个频移键控波形，跳变频率为 100 Hz，键控速率为 10 Hz，可按下列步骤操作。

（1）按【Modulate】键，默认选择频率调制模式，按〖调制类型〗软键，显示出调制类型菜单，按〖频移键控〗软键，工作模式显示为 FSK Modulation，波形示意图显示为频移键控波形，同时显示频移键控菜单。

（2）按〖跳变频率〗软键，跳变频率参数变为绿色显示。按数字键【1】【0】【0】，再按

〖Hz〗软键,将跳变频率设置为 100.000 0 Hz。

(3)按〖键控速率〗软键,键控速率参数变为绿色显示。按数字键【1】【0】,再按〖Hz〗软键,将键控速率设置为 10.000 00 Hz。

(4)仪器按照设置的调制参数输出一个 FSK 波形,用户也可以使用调节旋钮和【＜】【＞】键连续调节跳变频率和键控速率。

A.6.10 频率扫描

要输出一个频率扫描波形,扫描周期为 5 s,采用对数扫描,可按下列步骤操作。

(1)按【Sweep】键进入扫描模式,工作模式显示为 Frequency Sweep,并显示频率扫描波形示意图,同时显示频率扫描菜单。

(2)按〖扫描时间〗软键,扫描时间参数变为绿色显示。按数字键【5】,再按〖s〗软键,将扫描时间设置为 5.0 s。

(3)按〖扫描模式〗软键,扫描模式变为绿色显示。将扫描模式选择为对数扫描。

(4)仪器按照设置的扫描时间参数输出扫描波形。

A.6.11 触发输出

要输出一个触发波形,触发周期为 10 ms,触发计数 5 个周期,连续或手动单次触发,可按下列步骤操作。

(1)按【Burst】键进入触发模式,工作模式显示为 Burst,并显示触发波形示意图,同时显示触发菜单。

(2)按〖触发模式〗软键,触发模式参数变为绿色显示。将触发模式选择为触发模式(Triggered)。

(3)按〖触发周期〗软键,触发周期参数变为绿色显示。按数字键【1】【0】,再按〖ms〗软键,将触发周期设置为 10.0 ms。

(4)按〖触发计数〗软键,触发计数参数变为绿色显示。按数字键【5】,再按〖OK〗软键,将触发计数设置为 5。

(5)仪器按照设置的触发周期和触发计数参数连续输出触发波形。

(6)按〖触发源〗软键,触发源参数变为绿色显示。将触发源选择为外部源(External),触发输出停止。

(7)按〖手动触发〗软键,每按一次,仪器触发输出 5 个周期波形。

A.6.12 频率耦合

要使两个通道的频率相耦合(联动),可按下列步骤操作。

(1)按【Dual Channel】键,选择双通道操作模式,显示双通道菜单。

(2)按〖频率耦合〗软键,频率耦合参数变为绿色显示。将频率耦合选择为 On。

(3)按【Continuous】键,选择连续工作模式,改变 A 通道的频率值,B 通道的频率值也随着变化,两个通道输出信号的频率联动同步变化。

A.6.13 存储和调出

要将仪器的工作状态存储起来,可按下列步骤操作。

（1）按【Utility】键，显示通用操作菜单。

（2）按〖状态存储〗软键，存储参数变为绿色显示。按〖用户状态 0〗软键，将当前的工作状态参数存储到相应的存储区，存储完成后显示 Stored。

（3）按〖状态调出〗软键，调出参数变为绿色显示。按〖用户状态 0〗软键，将相应存储区的工作状态参数调出，并按照调出的工作状态参数进行工作。

A.6.14　计数器

要测量一个外部信号的频率，可按下列步骤操作。

（1）按【Counter】键，进入计数器工作模式，显示波形示意图，同时显示计数器菜单。

（2）在仪器前面板的"Sync/Counter"端口输入被测信号。

（3）按〖频率测量〗软键，频率参数变为绿色显示。仪器测量并显示被测信号的频率值。

（4）如果输入信号为方波，按〖占空比〗软键，仪器可测量并显示被测信号的占空比值。

附录 B　TBS1102B-EDU 数字存储示波器使用说明

B.1　概述

　　TBS1102B-EDU 数字存储示波器是一款专为满足大专院校的需求而设计的实验仪器。它是第一个使用创新的全新课件系统的示波器,教育工作者能够把教学材料无缝整合到 TBS1102B-EDU 示波器上。课件信息直接显示在示波器显示屏上,可以用来提供分步说明、背景理论、提示和技巧,或为学生编制实验文档提供一种高效的方式。TBS1102B-EDU 是面向教育行业的性价比最高的入门级示波器。

　　TBS1102B-EDU 数字存储示波器前面板图及后面板图如图 B-1、图 B-2 所示。

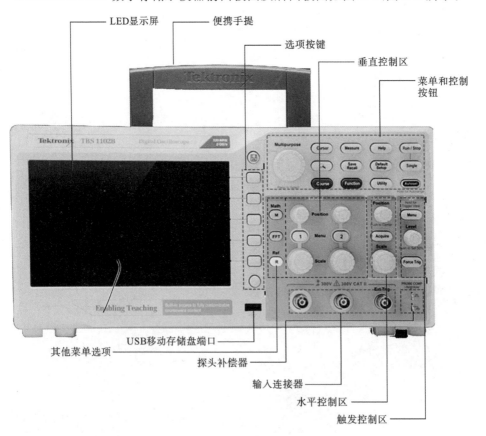

图 B-1　TBS1102B-EDU 数字存储示波器前面板图

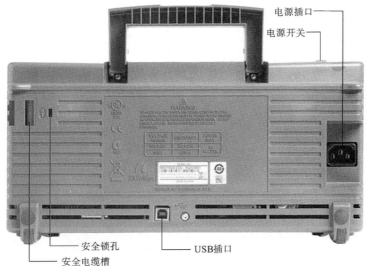

图 B-2　TBS1102B-EDU **数字存储示波器后面板图**

B.2　主要性能指标

(1) 100 MHz 带宽。

(2) 彩色 2 通道型号。

(3) 所有通道上高达 2 GS/s 的采样率。

(4) 所有通道上 2500 点记录长度。

(5) 具备高级触发(包括脉冲触发和视频触发)。

B.3　主要特点

(1) 具有 7 英寸 WVGA(800×480) 有源 TFT 彩色显示器。

(2) 具有简便易用的前面板旋钮。

(3) 具有双窗口 FFT,同时监测时域和频域。

(4) 具有集成课件功能。

(5) 具有双通道频率计数器。

(6) 具有缩放功能。

(7) 具有自动设置和自动量程功能(34 种自动测量)。

(8) 具有全新经济型 100 MHz TPP0101 无源探头。

(9) 具有支持多种语言的用户界面。

(10) 体积小、重量轻。

B.4　连接能力

(1) 前面板上的 USB 2.0 主控端口,可以快速方便地存储数据。

(2) 后面板上的 USB 2.0 设备端口,可以方便地连接 PC。

B.5　基本操作介绍

TBS1102B-EDU 数字存储示波器的前面板可分为若干功能区,下面对各功能区进行介绍。

1. 显示区域(LED 显示屏)

显示区域除显示波形外,还显示有很多关于波形和示波器控制设置的详细信息,如图 B-3 所示。

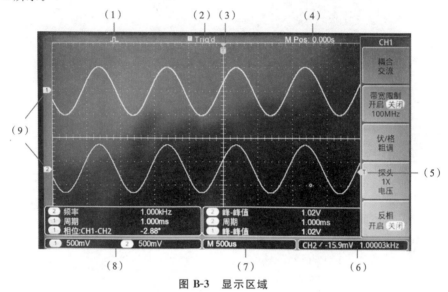

图 B-3　显示区域

(1) 采集模式,有以下三种模式。

① ⊓ 采样(默认):精确描述大多数波形。

② ⊓ 峰值检测:检测毛刺并减少假波现象。

③ ⊓ 平均:减少随机噪声,改善显示效果,与触发不相关。

(2) 触发状态读数显示,各显示的含义如下。

☐ Armed.(已配备):示波器正在采集预触发数据。在此状态下忽略所有触发。

R Ready.(就绪):示波器已采集所有预触发数据并准备接受触发。

T Trig'd.(已触发):示波器已发生一个触发,并正在采集触发后的数据。

⬢ Stop.(停止):示波器已停止采集波形数据。

⬢ Acq. Complete.(采集完成):示波器已经完成单次采集。

R Auto.(自动):示波器处于自动模式并在无触发的情况下采集波形。

☐ Scan.(扫描):示波器在扫描模式下连续采集并显示波形数据。

(3) 触发位置图标,显示波形的起始触发位置。旋转水平位置旋钮时触发位置图标位置也会改变。

(4) 触发水平位置,显示屏中心刻度线的时间为零,中心刻度线的左边时间为正,右边时间为负。

(5) 触发电平图标,显示波形的边沿或脉冲宽度触发电平。图标颜色与触发源颜色相对应。

（6）触发源信息，边沿触发时显示触发源、方向、电平和频率。其他触发类型的触发读数显示其他参数。

（7）水平读数，表示主时基灵敏度系数。

（8）垂直读数，表示各通道的垂直灵敏度系数。

（9）波形基线指示图标，指示波形的接地参考点（零电平）。图标颜色与波形颜色相对应。如没有标记，不会显示通道。

说明：以上项可能同时出现在显示中。在任一特定时间，不是所有这些项都可见。菜单关闭时，某些读数会移出格线区域。

2. 垂直控制区

垂直控制区如图 B-4 所示。

（1）Position（垂直位置）：可用于在屏幕上垂直定位波形。

（2）Menu（通道 1,2 菜单）：显示"垂直菜单"选项并打开或关闭通道波形显示。可设置的信号参数包括输入耦合方式、带宽限制、分辨率、探头类型、反相和输入阻抗等。

（3）Scale（垂直刻度）：选择垂直刻度系数。垂直刻度系数指的是垂直方向一大格代表的电压值，单位为 mV/div 或 V/div。调节垂直刻度系数，可以改变波形垂直方向的大小。

3. 水平控制区

水平控制区如图 B-5 所示。

（1）Position（水平位置）：调整所有通道和数学波形的水平位置。

（2）Acquire（采集）：选择示波器采集波形数据的方式。采集模式主要有三种：采样（默认）、峰值检测和平均。

（3）Scale（水平刻度）：选择水平刻度系数。水平刻度系数指的是水平方向一大格代表的时间，单位为 s/div、ms/div、μs/div 或 ns/div。

4. 触发控制区

触发控制区如图 B-6 所示。

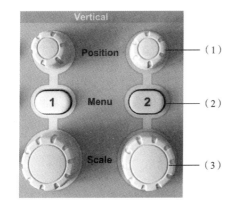 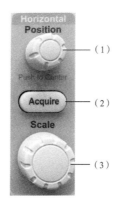 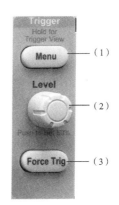

　图 B-4　垂直控制区　　　图 B-5　水平控制区　　图 B-6　触发控制区

（1）Menu（触发菜单）：按下一次时，将显示触发菜单。按住超过 1.5 s 时，将显示触发视图，此时显示的是触发波形而不是通道波形。触发菜单选项包括：触发类型、信源、斜率、模式、耦合及触发释抑。

（2）Level（触发电平）：设置触发电平。使用边沿触发或脉冲触发时，"Level"旋钮设置采集波形时信号所必须越过的幅值电平。旋转该旋钮可将触发电平设置为触发信号峰值的垂直中点（设置为 50%）。

（3）Force Trig（强制触发）：无论示波器是否检测到触发，都可以使用此按钮完成波形采集。此按钮可用于单次序列采集和正常触发模式。

5. 菜单和控制按钮

菜单和控制按钮如图 B-7 所示，旋钮和各按钮功能如下。

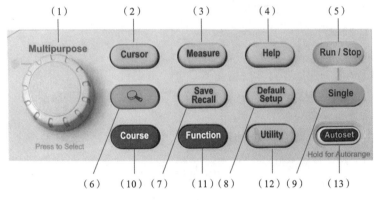

图 B-7　菜单和控制按钮

（1）Multipurpose（多用途旋钮）：通过显示的菜单或选定的菜单选项来确定功能。激活时，相邻的 LED 变亮。

（2）Cursor（光标）：显示"光标"菜单。当显示屏处于 YT（默认）模式时，使用水平条光标可以测量幅度和幅度差（增量）；使用垂直光标条可以测量时间间隔，包括周期、上升时间和下降时间。

（3）Measure（测量）：显示"自动测量"菜单，可用来设置自动测量时间和电压。自动测量用于分析信号的频率、周期、幅度、相位等一系列参数。

（4）Help（帮助）：显示"帮助"菜单。

（5）Run/Stop（运行/停止）：连续采集波形或停止采集。

（6）缩放按钮：用来访问缩放模式的功能。按下"缩放"按钮可在屏幕顶部大约四分之一的区域内显示原始波形，在其余四分之三区域内显示放大后的波形。如果同时打开两个通道，则放大后的波形显示在顶部窗口。旋转通用旋钮可在标度和位置功能直接切换缩放模式。

（7）Save/Recall（保存/调出）：显示"保存/调出"菜单，用于仪器设置或波形的保存/调出。

（8）Default Setup（默认设置）：使用"默认设置"按钮可将示波器的大多数控制设定为出场时的设置。

（9）Single（单次序列）：用于采集单个波形，然后停止。

（10）Course（课程）：使用"课程"菜单可访问 TBS1102B-EDU 示波器上加载的教育课程及相关实验。

（11）Function（功能）：显示"功能"菜单。使用功能菜单中的"计数器"选项，可提供通道 1 和 2 中任一或两者的频率读数。

(12) Utility(辅助功能)：显示"辅助功能"菜单。

(13) Autoset(自动设置)：使用自动设置功能可自动调整、控制以产生稳定波形。自动设置显示所有连接信号的通道。如果多个通道都有信号，示波器将使用具有最低频率的信号的通道作为触发源。如果在所有通道上都没有发现信号，当用自动设置作为触发源时，示波器将使用所显示编号最小的通道。

6. 输入连接器

输入连接器及探头补偿器如图 B-8 所示，它们的功能如下。

(1) CH1(通道 1)、CH2(通道 2)：用于显示波形的输入连接器。

(2) Ext Trig(外部触发)：外部触发源的输入连接器。使用触发功能菜单选择该触发源。

(3) PROBE COMP(探头补偿器)：用于补偿校准探头。

7. M、FFT、R 菜单

1) M 菜单

M 菜单即数字菜单，如图 B-9 所示。数学菜单可用于在两个通道波形上执行数学运算来创建实时数学波形；也可使用 M 按钮来切换显示数学波形与否。选项有加、减和乘。当示波器显示数学波形时，其接地电平通过刻度左边的 M 标记来指示。

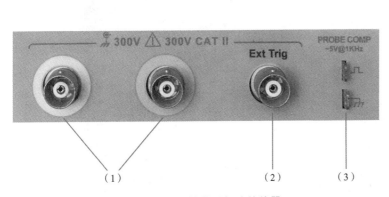
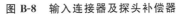

图 B-8　输入连接器及探头补偿器　　　　图 B-9　数字菜单选项

2) FFT 菜单

FFT 菜单如图 B-9 所示。使用快速傅里叶变换(FFT)模式可将时域(YT)信号转换为频率分量(频谱)。FFT 模式可用于：

(1) 分析电源线中的谐波；

(2) 测量系统中的谐波含量和失真；

(3) 鉴定直流电源中的噪声；

(4) 测试滤波器和系统的脉冲响应；

(5) 分析振动。

3) R 菜单

R 菜单即参考波形菜单，如图 B-9 所示。参考波形菜单可显示或隐藏保存的波形。保存的波形也称为参考波形。参考波形的显示亮度比活动波形的亮度低。

附录C UTP8305Z电源使用说明

C.1 概述

　　UTP8305Z可编程直流电源是优利德公司生产的一款高精度输出直流稳压电源设备,UTP8305Z(有三条通道,额定电流为5 A,额定电压为32 V),由于该电源操作复杂,性能指标要求高,本使用说明只能作一般性操作使用,要详细了解仪器的各项性能指标和使用仪器的特殊功能,须仔细阅读完整的产品使用说明书。电源机身如图C-1所示。

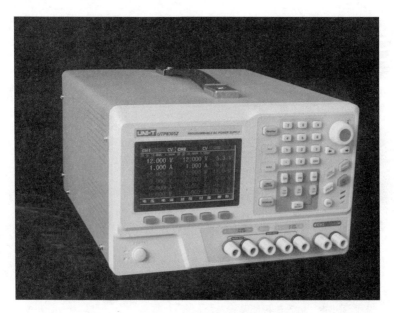

图 C-1　电源机身

C.2 UTP8305Z电源主要特性

　　UTP8305Z电源的主要特性如下:
　　(1) 具有等性能双通道,可变电压输出范围为0～32 V;
　　(2) 第三条通道具有三路固定输出,分别为2.5 V、3.3 V、5.0 V;
　　(3) 具有优异的负载调整率和线性调整率;
　　(4) 支持串、并联输出功能;
　　(5) 支持电压、电流等线性可编程功能;
　　(6) 具有定时、延时、存储和调用功能;
　　(7) 具有电压、电流和功率波形显示功能,使用户对电源的输出状态和趋势一目了然;

（8）具有超低的输出纹波和噪声；

（9）具有跟踪功能,支持通道电压设置值和输出开关跟踪；

（10）4.3 寸高分辨率 TFT 彩色液晶显示,可同时显示多个参数和状态；

（11）具备标准配置接口,包括 USB Device、LAN；

（12）具备易用的多功能旋钮和数字键盘；

（13）具有键盘锁功能,可防止误操作；

（14）支持 NeptuneLab 实验室系统管理软件。

C.3 面板介绍

C.3.1 前面板介绍

UTP8305Z 直流稳压电源向用户提供了简洁、直观且操作简单的前面板,前面板及说明如图 C-2 所示。

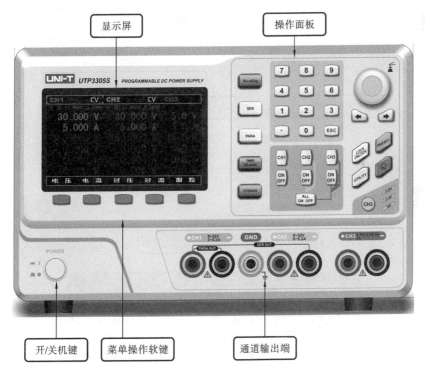

图 C-2 前面板及说明

（1）数字键盘:用于输入所需参数的数字键,包括数字 0～9、小数点“.”。借助小数点“.”可以快速切换单位。左方向键退格并清除当前输入的前一位。

（2）多功能旋钮/按键:多功能旋钮可用于改变数字（顺时针旋转数字增大）或作为方向键使用,按多功能旋钮可选择功能或确定设置的参数。

（3）方向键:在使用多功能旋钮和方向键设置参数时,方向键用于切换数字的位或清除当前输入的前一位数字或移动（向左或向右）光标的位置。

C.3.2　后面板

后面板及说明如图 C-3 所示。

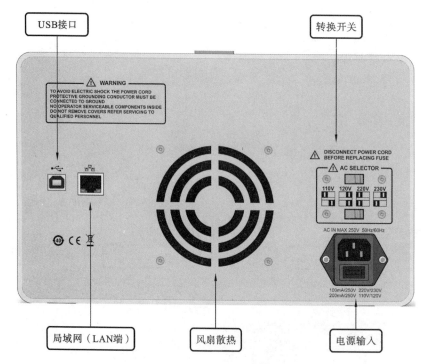

图 **C-3**　后面板及说明

C.3.3　主页面

主页面显示内容如图 C-4 所示。

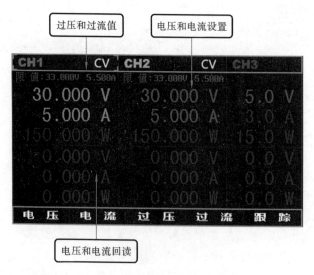

图 **C-4**　主页面显示内容

C.4　功能介绍

C.4.1　电压、电流的设定

（1）电压的设定方式有以下两种。

方法一：在主页面下，依次按下 CH1 → 软键 **电　压** ，使用多功能旋钮直接调节数字，需要移位时可选择方向键进行移位。

方法二：在主页面下，依次按下 CH1 → 软键 **电　压** ，直接使用数字键盘输入所需数字，按多功能旋钮确定；如果输入有误，可以使用方向键 ← 删除输入；如果放弃本次输入，可以使用数字键盘里面的 ESC 键。

（2）电流、过压和过流的设定方法同上。

备注：通道三的输出电压为 5 V、3.3 V、2.5 V，可通过菜单软键直接选择，或者通过 CH3 按键进行快速切换。

C.4.2　输出方式

UTP8305Z 电源的输出方式为自适应模式，输出电压、电流随着负载的变化而变化。比如设置电压为 10 V、电流为 2 A，如果电流≤2 A，则表示进入恒压 CV 工作状态，此时努力保持输出电压为 10 V；当电流值趋向>2 A 时，电源处于恒流工作状态，努力保持输出电流为 2 A。

C.4.3　电源串并联

1. 电源串联

串联电源可以提供更高的输出电压，其输出电压是通道一和通道二的输出电压之和。

打开方式：按 SER 键，打开串联后有 LED 指示，并且屏幕状态栏有 ⚎ 显示。

接线方式如图 C-5 所示。

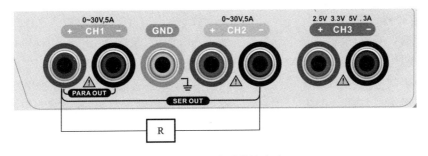

图 C-5　电源串联接线方式

2. 电源并联

并联电源可以提供更高的输出电流，其输出电流是通道一和通道二的输出电流之和。

打开方式:按 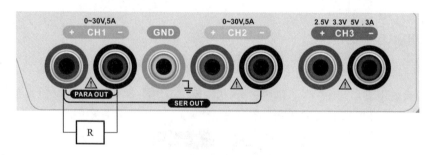 键,打开并联后有 LED 指示,并且屏幕状态栏有 显示。接线方式如图 C-6 所示。

图 C-6 电源并联接线方式

注意:接线时注意极性。

C.4.4 跟踪功能

打开跟踪功能后,屏幕状态栏有 显示,调整电压或电流时,另外一个通道也跟随变化。跟踪功能常用于为运算放大器或其他电路提供对称电压。

打开方式:在主页面下点击屏幕下方菜单与"跟踪"对应的软键,并且屏幕状态栏有 显示。

提示 :跟踪功能只跟踪编程值,与实际输出电压无关。

C.4.5 输出跟踪

按 键输出跟踪,切换时选择打开或关闭。

打开:跟踪功能启用后,打开或关闭一个跟踪通道的输出时,另一个跟踪通道的输出状态同步变化。

关闭:跟踪功能启用后,打开或关闭一个跟踪通道的输出时,另一个跟踪通道的输出状态不受影响。

C.4.6 定时器与延时器

1. 定时器设置

定时器打开时,仪器将输出预先设置的电压和电流(最多 10 组)。用户可以设置定时器的输出组数,并设置每组输出电压、电流和定时时间。定时器开启时,过压、过流设定值不再限制电压、电流输出;延时器打开时,仪器将按照预先设置的状态和延时时间打开或关闭输出(最多 10 组)。用户可以设置延时器的输出组数,并设置每组的状态和延时时间。

用户可以将已编辑的定时参数和延时参数进行保存(保存的数据格式,定时器为 *.tmr,延时器为 *.dlr)。

设置步骤:通过前面板上的 按键,可循环切换定时器页面、延时器页面和退出。

进入定时器页面,系统将弹出如图 C-7 所示的页面,各参数设置方法如下。

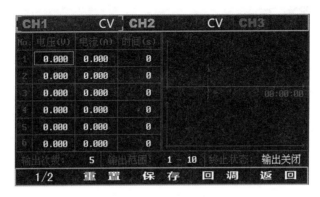

图 C-7 定时器页面

（1）电压设置方法。

直接使用数字键盘输入所需数字，按多功能旋钮确定；如果输入有误，可以使用方向键 ← 删除输入。

（2）电流设置方法。

电压设置完毕后，使用多功能旋钮或方向键 → 将输入位置调节到电流显示栏，输入方法与电压设置方法一致。

（3）时间设置方法。

时间设置方法与电压、电流的设置方法一致。第一组设置好后，使用多功能旋钮或方向键 → 调节到下一组。定时器可以设置 10 组，第一页有 6 组，使用 1/2 切换至下一页进行剩下 4 组的编辑。

备注：对通道三进行电压定时器设置时，按下多功能旋钮可切换固定的电压。

（4）输出设置方法。

每组电压、电流和时间设置完毕后，设置输出次数，可通过多功能旋钮设置，也可使用数字键盘直接输入（设置范围为 0～9999）；输出范围设置，即输出组数设置；输出状态设置可以设置输出保持和输出关闭：输出保持即定时器关闭后依然保持最后输出时的状态，输出关闭即输出为 0。

（5）软键菜单介绍。

1/2 ：翻页键。

重置 ：使所有组的电压、电流和时间变为 0。

回调 ：可以直接回调设备内部已保存的定时器数据。

返回 ：即返回到主页面。

2. 延时器设置

进入延时器页面，如图 C-8 所示。

（1）输出设置：通过 01|10 菜单快速切换 ON/OFF，也可按下多功能旋钮切换 ON/OFF。

（2）延时设置：设置方法同电压设置方法一样。

（3）输出次数设置：设置方法同定时器的一样。

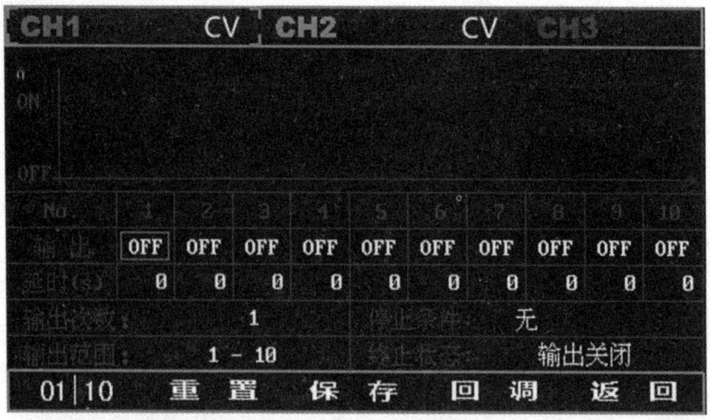

图 C-8　延时器页面

（4）停止条件设置：停止条件有"无""＜电压值""＞电压值""＜电流值""＞电流值""＜功率值""＞功率值"，选择所需的条件后，使用数字键盘输入所需数字，按多功能旋钮即可确定。

（5）输出范围设置：即输出组数设置。

（6）终止状态设置：可以设置输出保持和输出关闭，输出保持即定延时器关闭后依然保持最后输出时的状态，输出关闭即输出为 0。

（7）软键菜单介绍。

01|10 ：输出状态快速切换键。

重置 ：使所有组的电压、电流和时间变为 0。

回调 ：可以直接回调设备内部已保存的延时器数据。

返回 ：即返回到主页面。

C.4.7　波形显示

定时器或延时器设置完成后，按下 WaveDisp 键进入波形显示界面，如图 C-9 所示。软键菜单介绍如下。

图 C-9　波形显示界面

（1） 定时器关 ：定时器开关。

（2） 延时器关 ：延时器开关。

(3) 电压 :选择波形显示区域的波形类型为电压。

(4) 组合波形 :波形显示区域同时显示电压、电流和功率。

(5) 清除 :清除波形显示区域的波形。

C.4.8　存储

按下 [STORAGE] 键进入存储页面,如图 C-10 所示。软键菜单介绍如下。

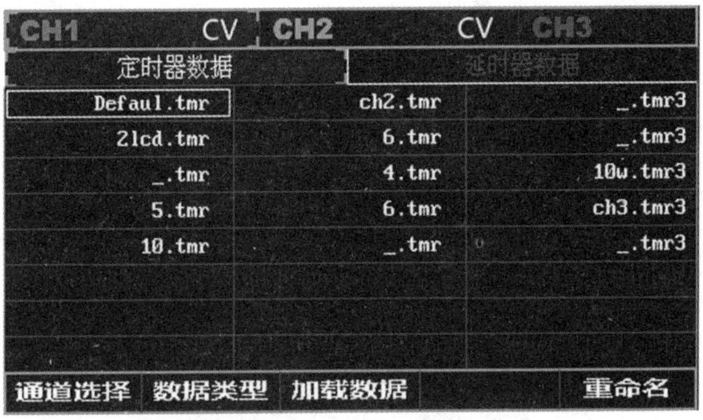

图 C-10　存储页面

通道选择 :选择加载的通道,也可直接按下 [CH1]、[CH2]、[CH3] 选择通道。

数据类型 :定时器数据和延时器数据切换。

加载数据 :回调保存的数据至定时器或延时器页面。

重命名 :对应保存的数据进行重命名,按下重命名将弹出输入对话框,通过多功能旋钮选择,输入完毕后点击确定即可完成重命名。

C.4.9　辅助设置

通过 [UTILITY] 进入辅助设置页面,如图 C-11 所示。

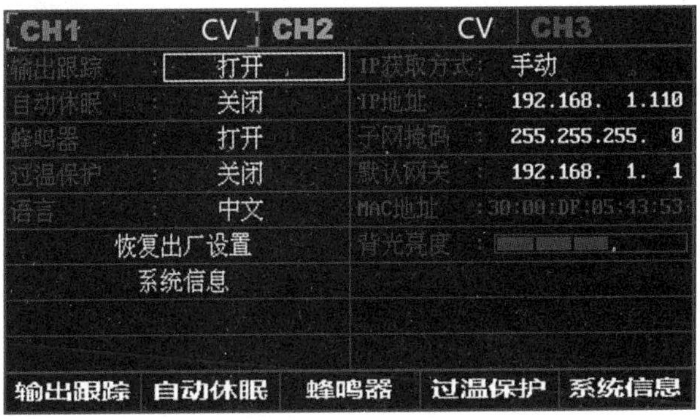

图 C-11　辅助设置页面

该界面的显示列表包括输出跟踪、自动休眠、蜂鸣器、过温保护和系统信息,它们都有对应软键,可实现快速切换,也可按下多功能旋钮进行选择。其余列表只能通过多功能旋钮进行选择。

菜单介绍如下。

输出跟踪:C.4.5 小节已介绍。

自动休眠:可以选择关闭、10 min、30 min、1 h 四种休眠时间。

蜂鸣器:打开和关闭蜂鸣。

过温保护:打开过温保护后,当负载过大引起电源内部温度过高时,电源将自动断开输出,以保护电源内部;关闭则禁用此功能。

语言:该电源提供中文和英文两种语言选择。

恢复出厂设置:电源将恢复到出厂时的状态。

系统信息:显示电源的型号、软件版本、硬件版本、序列号、生产日期、开机次数和使用时间。

IP 获取方式:可选择手动或自动方式。

IP 地址:IP 地址的格式为 nnn.nnn.nnn.nnn,第一个 nnn 的范围为 1～223,其他三个 nnn 的范围为 0～255。建议用户向网络管理员咨询一个可用的 IP 地址。选择 IP 地址,使用数字键盘或多功能旋钮和方向键输入所需的 IP 地址;该设置将保存在非易失性存储器中,下次开机时,仪器将自动加载所设的 IP 地址。

子网掩码:子网掩码的格式为 nnn.nnn.nnn.nnn,其中 nnn 的范围为 0～255。建议用户向网络管理员咨询以确定一个可用的子网掩码。选择 子网掩码,使用数字键盘或多功能旋钮和方向键输入所需的子网掩码;该设置将保存在非易失性存储器中,下次开机时,仪器将自动加载所设的子网掩码。

默认网关:网关的格式为 nnn.nnn.nnn.nnn,其中 nnn 的范围为 0～255。建议用户向网络管理员咨询以确定一个可用的网关。选择 网关,使用数字键盘或多功能旋钮和方向键输入所需的网关;该设置将保存在非易失性存储器中,下次开机时,仪器将自动加载所设的网关。

MAC 地址:MAC 地址从 0 开始编号,顺序地每次加 1,因此存储器的 MAC 地址空间是呈线性增长的。它是用二进制数来表示的,是无符号整数,书写格式为十六进制数。

背光亮度:调节背光显示亮度。

C.4.10　键盘锁

为避免由误操作引起危险,按下 ▨ 键(锁定按键),此时按键灯点亮,再次按下则解除锁定,按键灯熄灭。

C.4.11　预置

按 ▨ 键可以快速调出预先设定好的配置,显示界面如图 C-12 所示。

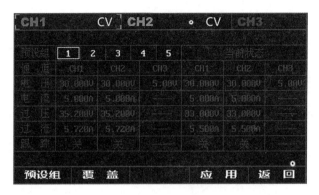

图 C-12　预置界面

可同时预览"预设组"的状态值和"当前状态",还可直接用"当前状态"覆盖"预设组"的状态值。当前状态值为主页面的设置值。

菜单介绍如下。

预设组:组别选择,也可通过调节多功能旋钮选择。

覆盖:用"当前状态"覆盖"预设组"状态值。

应用:将"预设组"状态值应用到"当前状态"。

返回:返回到主页面。

C.4.12　主页

在任何界面下通过按键⬜可返回到主页面。

参 考 文 献

[1] 金波.电路分析基础[M].西安:西安电子科技大学出版社,2008.

[2] 金波.电路分析实验教程[M].西安:西安电子科技大学出版社,2008.

[3] 李彩萍.电路原理实践教程[M].北京:高等教育出版社,2008.

[4] Robert L. Boylestad. Introductory Circuit Analysis. 9th ed. [M].影印版.北京:高
   等教育出版社,2002.

[5] 余佩琼,孙惠英.电路实验教程[M].北京:人民邮电出版社,2010.

[6] 马艳.电路基础实验教程[M].北京:电子工业出版社,2012.

[7] 李瀚荪.电路分析基础[M].5 版.北京:高等教育出版社,2017.

[8] 邱关源.电路[M].5 版.北京:高等教育出版社,2006.

[9] 汪建.电路实验[M].2 版.武汉:华中科技大学出版社,2010.

[10] 沈小丰.电子线路实验——电路基础实验[M].北京:清华大学出版社,2007.

[11] 杨龙麟,刘忠中,唐伶俐.电路与信号实验指导[M].北京:人民邮电出版社,2004.

[12] 杨风.大学基础电路实验[M].3 版.北京:国防工业出版社,2013.

[13] 陈同占,吴北玲,养雪琴,等.电路基础实验[M].北京:北方交通大学出版社,
   2003.

[14] 王吉英,周燚,吴善珍,等.电路理论实验[M].合肥:中国科技大学出版社,2005.